典型替代燃料的低温氧化反应动力学理论研究

邢利利　著

中国水利水电出版社
www.waterpub.com.cn
·北京·

内 容 提 要

  燃烧反应动力学是燃烧学科的前沿热点领域和实现高效清洁燃烧的理论基础。发展详细化学动力学模型的意义非凡，因为通过对输运燃料譬如汽油、煤油、柴油等的模拟过程，可以更好地用于实际装置如内燃机等的设计及优化。详细的反应路径、热力学数据及动力学数据是动力学模型发展必不可少的数据，可用于发展具有高预测性的燃料燃烧反应机理。本书基于作者在燃烧反应动力学理论计算领域的经验，参考国内外同行专家的研究成果，旨在介绍替代燃料策略、低温氧化动力学、理论计算等相关基础知识，并对各类典型燃料的燃烧反应动力学理论计算相关研究成果进行总结。本书首先介绍燃烧反应动力学的基本概念、替代燃料研究背景、理论计算涉及的研究方法；其次，依据不同的燃料类型分别介绍了环烷烃、链烷烃、含氧类燃料的反应动力学计算研究；最后，介绍了动力学理论计算过程中的误差来源及分析。

  本书可作为燃烧学、反应动力学理论计算等领域研究人员的专业参考书，也可作为工程物理、物理化学、能源化学等专业高年级本科生和研究生的教材。

图书在版编目（CIP）数据

典型替代燃料的低温氧化反应动力学理论研究 / 邢利利著. -- 北京 : 中国水利水电出版社，2024.5（2024.11 重印）
 ISBN 978-7-5226-2453-2

 Ⅰ．①典… Ⅱ．①邢… Ⅲ．①燃烧-化学动力学-研究 Ⅳ．①TK16

中国国家版本馆CIP数据核字（2024）第091857号

策划编辑：陈红华 责任编辑：张玉玲 加工编辑：刘瑜 封面设计：苏敏

书　名	**典型替代燃料的低温氧化反应动力学理论研究** DIANXING TIDAI RANLIAO DE DIWEN YANGHUA FANYING DONGLIXUE LILUN YANJIU
作　者	邢利利 著
出版发行	中国水利水电出版社 （北京市海淀区玉渊潭南路 1 号 D 座　100038） 网址：www.waterpub.com.cn E-mail：mchannel@263.net（答疑） sales@mwr.gov.cn 电话：（010）68545888（营销中心）、82562819（组稿）
经　售	北京科水图书销售有限公司 电话：（010）68545874、63202643 全国各地新华书店和相关出版物销售网点
排　版	北京万水电子信息有限公司
印　刷	三河市德贤弘印务有限公司
规　格	170mm×240mm　16 开本　11.25 印张　208 千字
版　次	2024 年 5 月第 1 版　2024 年 11 月第 2 次印刷
定　价	69.00 元

前　　言

面对当前的环境与能源问题，替代燃料策略具有十分重大的意义，备受关注。燃烧是目前乃至今后若干年内主要的能源供给方式之一，燃烧反应动力学是实现高效清洁燃烧的理论基础。为了发展中低温燃烧技术，譬如均质充量压缩燃烧（Homogeneous Charge Compression Ignition，HCCI）等，典型替代燃料的中低温氧化反应动力学特性是被迫切需要的。HCCI 发动机不仅保证较高的热效率，还可以大量减少碳烟及氮氧化物等的排放，故中低温燃烧技术成为一项充满前景的内燃机燃烧技术发展方向。因此，探索替代燃料的低温燃烧反应动力学机理，是高效清洁发动机设计过程中重要的环节之一。本书的首要研究目标是从理论的视角选取系列典型的替代燃料，开展其低温氧化反应动力学研究。

对于链烷烃的低温氧化反应机理及速率规则，已经得到了广泛的研究，然而作为石油燃料的重要组成部分之一的环烷烃，也是替代燃料的必要组成部分，其低温氧化动力学研究却是很有限的。前人关于环烷烃反应动力学模型的研究，其中的动力学数据大多数都是类比链烷烃得到的。尽管链烷烃的低温氧化动力学研究已经得到了很好的验证，但是关于环烷烃的低温氧化反应动力学的研究尚且存在争议。理论计算可以为探究环烷烃结构与低温氧化反应活性之间的关系提供强大的工具。本书选取甲基环己烷为代表（即氧气进攻不同的甲基环己烷自由基位点），进而对其开展一系列关于中低温氧化反应动力学特性的探究。这些不同的结构包括甲基环己烷侧链自由基位点 $cy\text{-}C_6H_{11}CH_2*$、甲基环己烷环上的三级碳自由基位点 $^tcy\text{-}C_6H_{10}(*)CH_3$ 和甲基环己烷环上的二级碳自由基位点 $ortho\text{-}cy\text{-}C_6H_{10}(*)CH_3$。通过高精度的量子化学手段计算不同结构的反应路径，结合 RRKM/主方程的求解，得到了温度和压力依赖的反应速率常数。根据这些动力学数据，详细讨论了链分支、链增值、链终止等不同通道之间的竞争关系，剖析了反应结构与反应活性之间的关系。

呋喃及呋喃衍生物是一种具有强大前景的含氧燃料，可以有效减少化石等不可再生燃料的消耗和传统发动机的排放，是一种绿色清洁且高效的能源。因为它们的物理化学性质与商业汽油类似，层流火焰传播速度快，并且由果糖的一系列氢解反应和脱水反应合成得到，从木质纤维素原料中获得也相对容易，故可用作汽油等化石燃料的代用燃料或添加剂，被许多国家认为是具有巨大前景的替代燃料之一。因此，详细地了解呋喃及其衍生物的动力学行为对于评价其作为替代燃料在内燃机中的应用十分重要。对呋喃类燃料的研究主要体现在呋喃类燃料的单分子解离及其在大气中的氧化和燃烧，呋喃类生物质燃料在大气中的氧化和燃烧主要是由与氧气和小自由基（羟基自由基）的反应引发的，研究其动力学特征有助于全面了解燃烧过程，为进一步探索这种新型生物燃料的潜在性能和促进呋喃基生物质燃料在发动机燃烧的实际应用中提供理论基础。本书采用不同的高精度量子化学方法分别计算糠醇的单分子解离、糠醇自由基与氧气和糠醇与羟基的反应路径，采用 RRKM/主方程法分别计算宽范围的反应速率常数 $k(T, p)$，研究了不同反应的温度和压力依赖性行为，得到了关于糠醇燃料在燃烧过程中产生的主要物质。

　　前人包括本课题组的研究实践已经证实理论计算手段对化学反应动力学的贡献越来越大，特别是对于实验难以测量的反应和条件。故精确的理论计算就显得尤为重要，深入理解理论计算过程中的误差大小以及误差传递过程对未来精确的理论计算来说是必不可少的。然而理论计算（温度和压力依赖）的反应速率常数的误差大小却很少被严格评估。在本书中，通过全局不确定性和灵敏度分析，剖析了输入参数（如能垒高度、频率和碰撞能量传递参数等）的不确定性传递与由 RRKM/主方程方法计算的反应速率常数的不确定性传递过程。本书选取了乙醇的单分子解离体系，原因是由于这一单分子解离体系具有单势阱多通道反应的代表性，且无明显势垒路径，便于探索 RRKM/主方程计算中竞争关系变化的影响。根据灵敏性分析，对灵敏性系数较高的参数进行了分析，对这些灵敏性系数随着温度和压力的变化进行了讨论。通过不确定性分析，对两条反应通道的反应速率常数的不确定性因子进行了定量化评估，并给出了高压极限和压力依赖下不确定因子随着温度的变化情况。尽管这项研究是选择乙醇作为案例，但是得到的结论并不仅仅局限于这一案例。这项工作为更普遍的反应体系在 RRKM/主方程的计算中不确定性的参数化指明了方向。在这项工作中通过对 RRKM/主方程计算过程中参数化不确定性分析的研究，为未来精确的动力学计算提供了很有价值的信息。

作　者

2023 年 12 月

目　录

第1章 绪　论

1.1　研　究　背　景

1.1.1　能源与环境

《能源百科全书》中写道："能源是可以直接或经转换提供人类所需的光、热、动力等任一形式能量的载能体资源。"从中可见，能源是一种呈多种形式的且可以相互转换的能量源泉。确切而简单地说，通过适当的转换手段，人类便可让它为自己提供所需的能量。当今社会，随着经济的发展、科技的进步和人民生活水平的提高，能源需求激增，能源问题迫在眉睫，亟待得到解决。燃烧是能源的主要供给方式之一，譬如煤、石油等化石燃料的燃烧等。对人类生活和生产而言，燃烧是一把双刃剑，一方面作为主要的能源供给方式，为人民的生活带来了便利性和舒适性；另一方面却也带来了大量的隐患，如化石燃料的燃烧是二氧化碳排放的主要来源，从而导致温室效应、全球气候变暖，再者能源的不完全燃烧产生大量的有害气体、粉尘颗粒等，对人类赖以生存的环境带来致命性的灾害性天气等。近些年来，这一环境问题更是日趋严重，灾害性天气频频发生，给人民的生活带来了巨大的影响；极端天气（雾霾、酸雨、干旱、洪涝等）的发生带来的灾难不是暂时性的，它对我们居住家园的影响将会是毁灭性的、长久性的，这一切为我们敲响了警钟。毋庸置疑，环境问题也必是当今社会的一大问题，如何保护我们赖以生存的家园将更是一大挑战。石油是供应社会大部分能源需求和工业革命的燃料，然而据估计，世界石油生产已达到顶峰，世界石油消费量已超过新发现的储量。预计未来的世界将是一个面临逆向工程的社会，即从以石油为基础向以替代燃料为基础转换，为后代保持经济、政治和环境安全。总体来说，能源与环境问题主要有能源分布不均、能源利用率低下、能源资源枯竭、环境危机问题等，这些问题都是迫在眉睫，亟待得到解决的。面对这一系列问题，人类一方面是致力于提高燃烧效率、清洁燃烧、降低污染物的排放等，另一方面是寻找新的替代燃料。

1.1.2　替代燃料策略

替代燃料被定义为由少量纯化合物组成的燃料，其特性与包含许多化合物的目标燃料的某些特性匹配。这样替代物将不仅适当地再现燃料的燃烧特性，而且代表着在实际装置中点燃之前的注入、蒸发和混合过程。其中，燃料的化学特性主要包括点火行为、分子结构、绝热火焰温度、C/H/O 含量和烟炱倾向等；物理特征包括挥发性参数、密度、黏度、表面张力和扩散系数等。替代燃料除了能够进行精确的计算模拟之外，在实验中也是有用的。首先，需要替代燃料的实验数据来验证可替代燃料模型；其次，对于开发替代燃料以提供其成分不随时间变化的标准化燃料是有用的。它们还允许在不同的实验装置、地理位置和使用不同的分析技术中测试相同的燃料，以便可以进行比较，而不会因燃料变化对结果的解释变得复杂。汽油、煤油和柴油等燃料的组成随着炼制流和其衍生物的其他共混物料及其时间变化而变化。即使标准化燃料从炼油厂混合并储存供以后使用，只有有限体积的这些标准化燃料可用，并且随着时间的推移，它们可能化学劣化。相比之下，来自替代成分的标准化燃料可以随时由其组分纯化合物重新配制。替代燃料的研究将重点放在发动机效率、污染物排放和其他关键性能特征上。若所得到的替代燃料不能充分匹配目标燃料的性能，则必须重新评估和改进，最终使得燃料性质和发动机性能之间的基本关系更优化。燃烧反应动力学是燃烧学科的前沿热点领域和实现高效清洁燃烧的理论基础。发展详细的化学动力学模型意义非凡，因为通过对输运燃料譬如汽油、煤油、柴油等的模拟过程，可以更好地用于实际装置如内燃机等的设计及优化。然而，发展详细的化学动力学模型也面临着巨大的挑战，这是由于来源于常规石油的汽油、煤油、柴油等含有复杂的成分，故代表所有这些组分的模型研究也令研究工作者们望而却步，毕竟对当前的计算资源来说这一全面的模型太大了。另外，开发这种模型所需的所有基本数据（如化学动力学反应速率常数、反应路径、热力学参数等）并不是都可以全面得到。所以说，简化的替代燃料模型对代表当前的输运燃料的研究是很有用的。替代燃料模型的发展是一个漫长的过程，替代燃料中每种纯化合物的化学动力学模型必须通过实验测量、理论计算等手段使其得到验证。

1.1.3　替代燃料组分

虽然替代燃料不一定需要含有实际燃料中所含分子的组分以符合实际燃料行为，但组分的匹配可能会使替代燃料与实际燃料有更好的一致性。因此，这里简要概述实际柴油的组成，以此为例进行分析。柴油的主要化学成分为正烷烃、异烷烃、环烷烃和芳烃，如图 1-1 所示。尽管实际柴油的组成是高度可变的，但是存在一些趋势：如组分的碳原子数范围为 10～22，平均碳原子数为 14 或 15，异烷烃通常用一个或两个甲基作为侧链分支，环烷烃通常具有一个或多个烷基侧链的环，还有一些具有烷基侧链的双环环烷烃，芳烃的平均碳原子数约为 12，还有一些具有烷基侧链的双环芳族化合物。这里以环烷烃为例来分析，根据原料来源和加氢处理程度，环烷烃可以占据三分之一或更多的柴油燃料成分。输运燃料中含有各种比例的环烷烃（主要指六元环化合物），如常规柴油中约占 30%，喷气燃料中约占 20%，汽车汽油中约占 10% 以及航空汽油中占 20%～30%。同样地，含有取代基的环烷烃也是喷气燃料和燃料替代品（约 20%）的重要组成部分。环烷烃燃料还兼具较高的体积密度、较高的能量密度及较低的凝固点等物理特性。因此，环烷烃燃料的研究引起了广泛的关注，以表征和开发输运燃料的基本燃烧特性的预测模型。不同于脂肪族烃的动力学，环烷烃（如环己烷）的氧化特征在于更复杂的反应途径，前人已经研究过了。通过对其一系列中间体的测量与鉴定，得出了其芳族中间体是由烷基环烷烃氧化得到的结论。此外还比较过不同环烷烃和几种石蜡、烯烃异构体的苯产量，这一系列的研究表明环烷烃由氧化路径可以直接产生芳族物质作为中间体，并且对煤烟生产比例而言环烷烃可能比非环烷烃有更大的影响。该发现与来自常规柴油燃烧的实验发动机数据一致，表明环烷烃对煤烟的形成具有影响，其影响在正/异链烷烃和芳族化合物的作用之间。鉴于环烷烃燃料在替代燃料中的重要性，以及它与其他燃料的差异性，故亟待选取典型的环烷烃燃料分子对其反应动力学开展详细的理论探究。

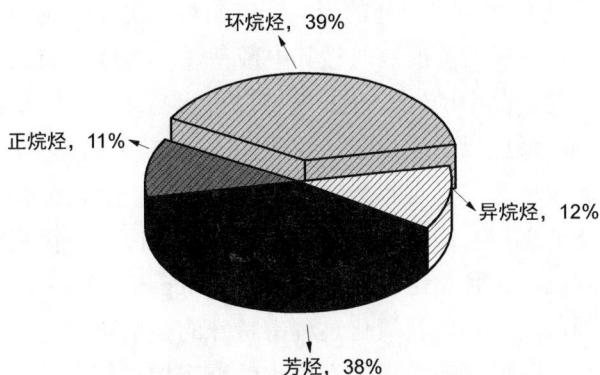

图 1-1　实际柴油中主要化学类别的相对数量

1.1.4　低温氧化反应动力学

近些年来有一种新型的发动机技术叫作均质充量压缩燃烧（Homogeneous Charge Compression Ignition，HCCI），其研究广受关注。HCCI 发动机不仅具备汽油机的优点，还具备柴油机的优势，在保证热效率高的同时，还可以大量减少碳烟及氮氧化物 NO_x 等的排放，是一项很有前景的内燃机燃烧技术。HCCI 发动机利用的燃烧方式是：在气缸内均匀的可燃混合气被压缩直到自行着火，故它的着火时刻是由燃料混合气的低温氧化反应动力学决定的。因此，研究替代燃料的低温燃烧反应动力学机理，是高效清洁发动机设计过程中最重要的环节之一。近年来，使用动力学模型研究燃烧化学反应机理的数量骤增，这些模型（如生物质燃料、汽油煤油柴油替代燃料等模型）研究探索了各种化学问题，包括开发新型燃料机制，改进点火、低温/冷火焰化学，替代物和其他燃料混合物的化学性质，污染物形成对燃料和燃烧条件的依赖性，化学和流体动力学的耦合等。围绕着高效清洁燃烧这一宗旨，进而促进了化学动力学模型研究的飞速发展，科学工作者们已经提出了基于大量基元反应的越来越复杂的详细氧化反应动力学模型。

Knox 和 Fish 在 1968 年提出了第一个用于烷烃氧化的低温燃烧反应机理，在此基础上，随后由 Pollard、Cox 和 Cole 以及 Walker 和 Morley 进行了连续的改进。图 1-2 给出了简化的烷烃分子（RH）的低温氧化反应机理。在非常高的温度（高于 1200K）下，反应是由氧气（O_2）分子从烷烃中提取氢原子（氢取代）引发的，得到烷基（—R）和氢过氧基（—OOH）。在低温（500～600K）下，烷基与 O_2 分子快速反应，得到过氧烷基（ROO—），接下来可以通过异构、解离等反应（见图 1-2），导致过氧化物和小自由基的形成，其与烷烃分子反应以再生烷基。这是一个链式反应过程，反应的扩展是通过其中羟基（—OH）主载链体的。过氧化物的形成是非常重要的，其中的 O—OH 键可以很容易地破裂并形成两个自由基，它也可以与烷烃分子反应以产生烷基。这些简并分支步骤涉及了链中自由基数目的增加，从而引起反应速率呈现指数增长，最终引起点火。值得一提的是，烷基自由基和氧气分子的加成反应具有可逆性，当温度升高时平衡将逆向进行，导致整个反应速率的降低，并且是出现负温度效应（Negative Temperature Coefficient，NTC）的主要原因。这是在燃料氧化过程中特殊的一个温度区域，其中全局反应速率随着温度升高而降低。NTC 区的存在也解释了烷烃氧化的另一个特殊性——在最低自燃温度以下数百度的温度下可能发生冷焰现象。在冷焰中，温度和压力会大大增加（在有限的温度范围内，通常高达 500K），但是由于 NTC 区域的反应活性降低，反应在燃烧完成之前停止。冷焰在自发现象中起着重要的作用，因为它是两阶段点火的第一阶段。生成过氧化物的反应路径与产生不活泼产物（如烯烃或环醚）路径之间的竞争解释了链分支的大小将影响着烷烃的反应活性。随着温度的进一步升高，其他反应（如 $H_2O_2 \longrightarrow 2OH$ 和 $H+O_2 \longrightarrow OH+O$）可以确保自由基数量的增加，并且引起火花发动机的燃烧扩散和柴油发动机的自燃。在 900K 以上，—R 发生分解得到较小的烷基和 1-烯烃分子，这是大多数含有三个以上碳原子的烷基的主要命运。也就是说在氢提取之后是烷基的异构化和连续分解等直到产生关于 $C_1 \sim C_2$ 等化学物质，这构成了由 Westbrook 和 Dryer 以及 Warnatz 等首先提出的高温机理，此处仅作简单介绍，本书重点关注的是低温燃烧反应动力学。

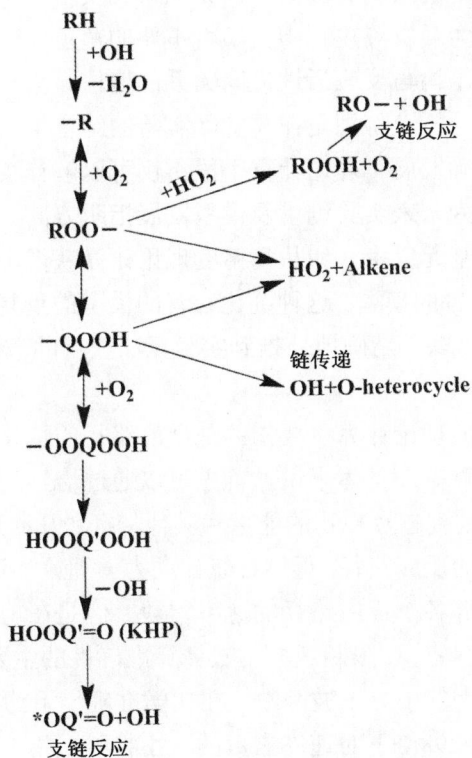

图 1-2　简化的烷烃分子的低温氧化反应机理

1.2　燃烧化学中的理论计算

为改善燃油经济性和减少污染物排放并提高能源安全性，推动替代燃料发展这一策略，就需要详细了解燃烧宏观参数与燃料结构之间的联系，而燃烧化学是这一联系的重要组成部分。化学动力学是燃烧化学和化学过程建模的核心。燃烧的化学模型不仅用于描述燃料转化为产物的动力学进程，还描述了各种污染物如 NO_x、烟灰和未燃烧完全的碳氢化合物的形成等。当今的综合化学模型包括数百到数千种物种的热化学和输运特性，以及在燃烧环境中连接这些物种的成千上万个反应的反应速率常数（简称"速率常数"）。其中的化学反应速率常数传统上是通过实验获得的，或根据分子结构与反应活性的关系估测。有时候由于受到实验条件或者实验技术水平的限制等因素，而无法得到实验结果，故理论计算在替代燃料燃烧化学反应动力学发展过程中扮演着重要的角色。一方面，它可以从化学本质上提供改善反应结构与反应活性之间关系的途径；另一方面，它可以对反应机制提供新的定量的分析，特别是在与实际实验的结合下，会更好地促进化学动力学模型的全面和精确发展。理论计算手段不仅可以解释实验数据，还可以推断与燃烧相关的数据，为未来实验测量及模型发展指明方向。譬如在现有的燃烧模型中加入改进的特定基元反应（如从高精度理论计算获得，即具有较低的不确定性），将会得到一个改善的模型。这种细化改善的模型的重复过程应该不仅能重现实验可测数据，而且可以更精确地外推到实验无法获得的条件。从这个角度来看，理论计算的意义重大。

燃烧化学反应中的理论计算主要指的是反应路径的量化计算、热力学数据的计算及速率常数的计算等。具体来说，首先可以通过恰当的电子结构方法计算来确定反应中反应物、过渡态及产物的能量和其他特征（几何形状和振动频率）等，从而确定出可能存在的反应路径。再结合统计动力学理论如过渡态理论和 RRKM/主方程方法，精确计算各个反应路径的速率常数。但是在理论计算过程中，计算结果误差的大小也不容忽视。限制速率常数计算准确性的主要因素是能量的计算，对于具有相当良好行为的小分子波函数，在化学准确度上约有 $1kcal\cdot mol^{-1}$ 的误差（1cal=4.186J），这在 298K 下对速率常数的大小将引起约 5 倍的不确定性系数。欲达到更高的精度，可以使用较高的量子化学计算方法，但由于计算成本的限制，将只能局限于小分子或小于 6 个重原子的反应。影响不确定性的第二个重要因素是对反应熵变的预测，特别是对于简单谐振子无法描述的分子，由于分子内部转子或其他非平衡性的存在，将带来很大的计算误差。因此，计算精度受到限制，特别是对于具有 6 个或更多个重原子的较长链式分子的反应，广泛的非谐性效应是不容忽视的关键因素。当然，对能量碰撞转移参数的处理、对压力依赖效应以及变分效应的处理方式等，都将会影响燃烧化学反应动力学数据的精确性。这些问题及详细的理论计算方法都将会在本书的后续章节给予详细的介绍和个例分析。

1.3　本书的研究目标

环烷烃燃料不论是在实际输运燃料中还是在替代燃料模型发展过程中都具有重要的作用。在现有的研究基础之上，本书选取典型的单支链环烷烃即甲基环己烷作为代表，利用高精度量化方法结合统计动力学理论计算重要燃烧化学反应的热力学和动力学数据，为未来环烷烃动力学模型的完善和发展指明方向。作为醚类的代表，选取了二甲醚，在现有的研究基础上，发现羰基氢过氧化物中间体（HPMF）的研究尚且不清楚，鉴于其在低温氧化反应活性中起到的决定性作用，将利用高精度的量子化学方法结合动力学理论对其单分子解离反应开展详细的研究，为未来 DME 低温氧化反应机理提供重要的动力学和热力学数据，为 DME 低温氧化模型的发展指明方向。对于烷烃燃料，存在与 DME 低温氧化机理中一样地位的中间体即酮类氢过氧化物（KHP），现有的研究中缺少其他消耗路径如 OH + KHP，故通过高水平的理论计算工作来完善这一动力学反应机理，更深入地了解了烷烃的低温氧化反应动力学，更有意义的是借助这一体系来全面剖析变分效应、多结构扭转非谐性、隧穿效应等在热力学及动力学计算中的影响。对于糠醇燃料的单分子解离、与氧气和羟基的反应途径，基于燃烧反应动力学研究了不同反应途径的热力学和动力学数据，目标是为进一步研究呋喃类生物燃料提供理论基础和为呋喃类生物燃料实际应用在发动机上以减轻国家在交通运输上的成本提供强有力的理论基础。鉴于化学反应速率常数的准确性对于动力学模拟的重要性，选取了乙醇的单分子解离反应这一单势阱双反应通道的典型体系，开展了全局不确定性分析工作，旨在弄清楚误差传递机制，并给出速率常数的误差大小与温度和压力的关系，为未来理论计算工作中缩减误差大小指明了方向。

第 2 章　反应动力学及替代燃料简介

2.1　引　　言

面对当前的环境与能源问题，替代燃料策略具有十分重大的意义，备受关注。燃烧是目前乃至今后若干年内主要的能源供给方式之一，燃烧反应动力学是实现高效清洁燃烧的理论基础。为了发展中低温燃烧技术，譬如均质充量压缩燃烧（Homogeneous Charge Compression Ignition，HCCI）等，典型替代燃料的中低温氧化反应动力学特性是被迫切需要的。HCCI 发动机不仅保证较高的热效率，还可以大量减少碳烟及氮氧化物等的排放，故中低温燃烧技术成为一项充满前景的内燃机燃烧技术发展方向。因此，探索替代燃料的低温燃烧反应动力学机理，是高效清洁发动机设计过程中最重要的环节之一。

2.2　反应动力学简介

简单地说，燃烧反应机理可以看作是一些反应组分及它们所发生的反应列表，燃烧反应机理中的反应描述了反应组分如何被转化为产物。最终这种描述转化为求解质量守恒与能量守恒方程的数值模型，可以使用专门的计算软件如CHEMKIN 来求解。在数值模拟中，描述化学反应的一个重要组成为化学源项，即反应组分随时间的变化率。

2.2.1　单分子、双分子和三分子反应

根据参加反应的分子个数，可以将基元反应分为单分子、双分子和三分子反应。早期从微观的角度去研究各类反应的理论为简单碰撞理论，该理论通过计算分子的碰撞频率以及其中活化分子的比例来计算反应速率。随后在简单碰撞理论的基础上，借助于量子力学的计算手段，发展出了"过渡态理论"。"过渡态理论"认为，发生碰撞的两个分子，需要先经过一个过渡态（活化络合物），然后才能变成产物，而反应速率与参与反应分子的势能面有关。对于单分子反应，除了上述提到的理论外，还发展了专门针对单分子反应的理论，著名的有 Lindemann 理论、

Hinshelwood-Lindemann 理论、RRK 理论、Slater 理论、RRKM 理论等，并且仍在不断地发展中。

2.2.2 速率常数表达形式

通常采用修正后的三参数的阿伦尼乌斯公式来表示反应的速率常数（k），即

$$k = AT^n \exp\left(\frac{-E_a}{RT}\right) \tag{2-1}$$

式中，A、n 和 E_a 分别为前因子、温度指数及活化能。对于可逆反应，可以由式（2-1）通过正反应速率常数（k_f）和平衡常数求得逆反应速率常数（k_b）：

$$k_b = \left(\frac{k_f}{K_c}\right) \tag{2-2}$$

对于某些反应，速率常数不仅与温度有关，还与压力有关。对这类压力依赖的反应速率常数的表达，常用的有 Lindemann 形式、Troe 形式、SRI 形式、PLOG 形式和 Chebyshev 形式。Lindemann 形式是借助于高压和低压极限速率来定义的，式（2-3）和式（2-4）分别为低压极限速率常数（k_0）和高压极限速率常数（k_∞）：

$$k_0 = A_0 T^{n_0} \exp\left(\frac{-E_{a,0}}{RT}\right) \tag{2-3}$$

$$k_\infty = A_\infty T^{n_\infty} \exp\left(\frac{-E_{a,\infty}}{RT}\right) \tag{2-4}$$

反应的速率常数可以表示为

$$k = k_\infty \left(\frac{p_r}{1 + p_r}\right) F \tag{2-5}$$

式中，F 为扩展因子。反应的压力效应（p_r）用下式表示：

$$p_r = \frac{k_0(M)}{k_\infty} \tag{2-6}$$

在 Lindemann 理论中，F 值为 1，此时往往高估了速率常数的大小。因此，在 Troe 形式中，采用式（2-7）对速率常数进行修正。参数 c、n、d 及 F_{cent} 由式（2-8）～式（2-10）给出：

$$\lg F = \left\{ 1 + \left[\frac{\lg p_r + c}{n - d(\lg p_r + c)} \right]^2 \right\}^{-1} \lg F_{cent} \tag{2-7}$$

$$c = -0.4 - 0.67 \lg F_{cent} \tag{2-8}$$

$$n = 0.75 - 1.27 \lg F_{cent} \tag{2-9}$$

$$d = 0.14 \tag{2-10}$$

式中，F_{cent} 为 Troe 形式的核心，可以通过 α、T^{***}、T^{*} 和 T^{**}（此项非必须给出）4 个参数获得，即

$$F_{cent} = (1-\alpha)\exp\left(-\frac{T}{T^{***}}\right) + \alpha\exp\left(-\frac{T}{T^{*}}\right) + \exp\left(-\frac{T^{**}}{T}\right) \tag{2-11}$$

图 2-1 对比了反应 $CH_3 + H(+M) = CH_4(+M)$ 速率常数的 Lindemann 形式和 Troe 形式。对于反应中出现的第三体 M，可以是体系中存在的任何组分，如分子、原子或是自由基等。一般而言，碰撞传能效率较高的 M 是指那些与激发组分具有相似能级的组分或是具有较多能级的大分子，如 H_2O 可以通过振动和转动模式吸收能量，N_2 可以通过平动、振动和转动模式吸收能量。

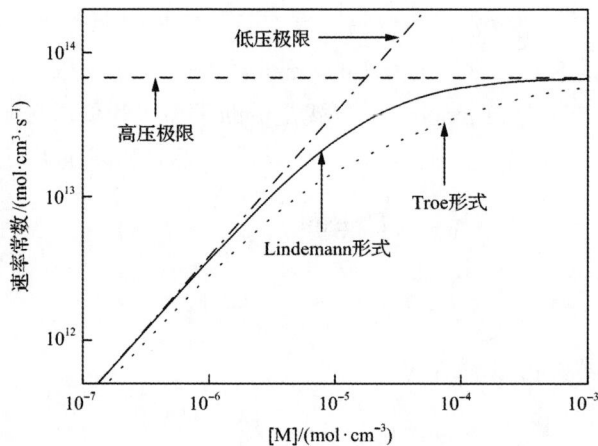

图 2-1   反应 CH3 + H(+M)＝CH4(+M)速率常数的 Lindemann 形式和 Troe 形式对比

另一种与 Troe 形式较为接近的压力依赖反应的速率常数表达形式为 SRI 形式，是由 Stewart 等提出的。与 Troe 形式相似，该形式也是对 F 函数进行修正，表达式为

$$F = d\left[a\exp\left(-\frac{b}{T}\right) + \exp\left(-\frac{T}{c}\right)\right]^{X} T^{e} \tag{2-12}$$

式中，X 的计算公式为

$$X = \frac{1}{1+(\lg p_r)^2} \tag{2-13}$$

与 Troe 形式相似，SRI 形式也能够降低被 Lindemann 机理高估的速率常数。

此外，还可以用 PLOG 形式来表示反应的压力依赖行为，这也是一种最为简单的表示压力依赖形式的方法。基于已知的有限几个压力下的速率常数，采用对数内插的方法可以求解得到所需压力范围内的速率常数，反应压力依赖性的准确性将取决于每个反应所包含的压力点的数量：

$$\begin{cases} \lg k(T, p) = \lg k(T, p_i) + \{\lg k(T, p_{i+1}) - \lg[k(T, p_i)]\} \\ \dfrac{\lg p - \lg p_i}{\lg p_{i+1} - \lg p_i}, p_i < p < p_{i+1} \end{cases} \tag{2-14}$$

以上提及的 Lindemann 形式、Troe 形式和 SRI 形式虽然能够准确表示单势阱反应的压力依赖行为，但对于如 $C_2H_5+O_2$ 等多势阱反应则无能为力。为此，Venkatesh 等提出了应用于多势阱反应的 Chebyshev 形式。与 PLOG 形式相比，Chebyshev 形式的压力依赖形式更为复杂和精确，但是该形式具有固定的压力和温度约束，并不能用于超出其定义域的外推。速率常数的求解如式（2-15）所示，通过温度倒数［式（2-16）］和压力对数［式（2-17）］将速率常数的对数近似为二元 Chebyshev 级数的对数。整数 N 和 M 分别表示沿着温度和压力轴的基函数数量，获得的反应速率常数的精度将随着 N 和 M 的增加而增加。

$$\lg k(\tilde{T}, \tilde{p}) = \sum_{n=1}^{N} \sum_{m=1}^{M} a_{nm} \varphi_n(\tilde{T}) \varphi_m(\tilde{p}) \tag{2-15}$$

$$\tilde{T} = \frac{2T^{-1} - T_{min}^{-1} - T_{max}^{-1}}{T_{max}^{-1} - T_{min}^{-1}}, \quad T_{min} \leqslant T \leqslant T_{max} \tag{2-16}$$

$$\tilde{p} = \frac{2\lg p - \lg p_{min} - \lg p_{max}}{\lg p_{max} - \lg p_{min}}, \quad p_{min} \leqslant p \leqslant p_{max} \tag{2-17}$$

$$\varphi_x = \cos[(n-1)\arccos(x)], \quad n = 1, 2, 3, \cdots; \; -1 \ll x \ll 1 \tag{2-18}$$

2.3 替代燃料简介

2.3.1 甲基环己烷

环烷烃是替代燃料中重要的组成之一，故近些年来，环烷烃化学动力学模型的发展也取得了很大的进步，譬如已经开发了环己烷氧化的详细化学动力学模型，并且在搅拌反应器和快速压缩机（Rapid Compression Machine，RCM）的条件下，环己烷氧化的这些模型重现性很好。在其他工作中，如 Zhang 等人开发了环己烷的化学动力学模型，并将其模型预测与在低压预混火焰中实验测量的中间体进行了比较，他们专注于导致苯形成途径的研究探索等。Mittal 和 Sung 等研究了 RCM 中甲基环己烷的点燃，其当量比为 0.5、1.0 和 1.5，压力为 15bar 和 25bar（1bar= 10^5Pa），压缩气体温度范围为 680～905K。Pitz 等人预测了点火延迟时间随温度变化的形状，但预测时间长于实验测量时间，他们发现目前的模型捕获了他们的实验数据的总体趋势，但预测的点火延迟时间通常比测量的更长。实际上已经可以观察到具有强的负温度效应的两级点火，其中点火延迟时间随温度升高而增加。Yang 和 Boehman 等人在动力发动机条件下研究了环己烷和甲基环己烷的氧化，他们测量了中间体的浓度，包括了作为低温氧化代表的环醚等，此外还表明环上的甲基侧链（即甲基环己烷）可以增强燃料的反应特性。Vasu 等测量甲基环己烷在宽温度和压力范围内的点火延迟时间（800～1550K，1～50atm，$\phi = 0.5$～2.0）（1atm=101325Pa），还测量了 OH 浓度变化情况，为化学动力学模型提供了进一步的验证目标。Daley 等人进行了环己烷和环戊烷在内燃机的一系列条件下（11～61atm，847～1379K，当量比为 1.0、0.5 和 0.25）的实验，发现目前的模型捕获了他们实验数据的总体趋势，但预测点火延迟通常比测量的更长。Vanderover 和 Oehlschlaeger 等人在宽范围的条件下研究了甲基环己烷和乙基环己烷的激波管点火（881～1319K，11～70atm，$\phi = 0.25$、0.5、1.0），结果表明，最近的化学动力学模型预测的点火延迟时间在高压（50atm）下是偏长的。Sivaramakrishnan 和 Michael 等人用环己烷和甲基环戊烷实验测量 OH 自由基的速率常数，这些速率常数可以更准确地描述环烷烃的消耗反应机理。在其他工作中，Ciajolo 等人在富混合火焰中测量了环己烷的中间体，并将其结果与环己烷的核心化学动力学机理进行比较，他们发现实验和预测曲线之间存在一致性，另外他们还向该机理添加了烟灰模型，但无法预测在环己烷实验中观察到的早期烟灰的形成。Bieleveld 等人测量了甲基环己烷的自燃温度和消光条件，他们发现其点火和消光行为在正庚烷和异辛烷之间。尽管前人在环烷烃方面取得了很大的进展，但关于其低温氧化活性和反应机理方面仍然存在争议，故仍需要更多的工作来探索不同结构的环烷烃反应机理和活性等。甲基环己烷是最简单的单支链环烷烃的代表，开展其氧化反应机理的研究有助于对环烷烃燃烧机理的深入理解。第 4 章将会对甲基环己烷不同位点的自由基加氧反应开展详细的化学反应动力学研究。

2.3.2 二甲醚

二甲醚（Dimethyl Ether，DME）是最简单的醚，其化学式为 CH_3OCH_3。二甲醚的物理性质与液化石油气（即丙烷和丁烷）相似，二甲醚以可见的蓝色火焰燃烧，在纯态或气溶胶配方中形成非过氧化物。与甲烷不同，二甲醚不需要加臭剂，因为它具有甜的类似醚的气味。一般挥发性有机化合物对环境有害，并且通常是致癌和致突变的，许多挥发性有机化合物是消耗臭氧层物质的，因此其工业排放受到限制。DME 是挥发性有机化合物，却具有非致癌性、非致畸性、非致突变性和无毒性。作为可以展现两阶段自燃（two-stage autoignition）行为的最简单的醚，DME 是研究低温和中温燃料氧化的极好的物质。关于 DME 点火延迟、流动反应器以及低压和高压火焰已经有了广泛的研究，并且已经提出了几种化学动力学机理，然而，这些模型并不能预测低温流动反应器中实验测量的高压火焰速度和物质，其中关键中间体的相关化学性质起主要作用。图 2-2 给出了 DME 低温氧化反应模型中常用的简化反应机理。对于缺乏动力学数据的关键中间体，仅用估测的数据将会导致模型误差的大大加剧。为了对 DME 的低温氧化反应机理和反应活性有更全面的了解，有必要对关键中间体开展详细的化学动力学研究工作。在 DME 低温氧化反应的过程中，羰基氢过氧化物是一种重要的中间体，它的分子式是 $HOOCH_2OCHO$，简称 HPMF。从反应机理上来看，它的命运影响着链分支的大小，这一中间体的反应动力学和热力学数据决定着 DME 整体的低温氧化反应活性。第 5 章将会对 HPMF 的单分子解离反应开展详细的动力学研究工作。

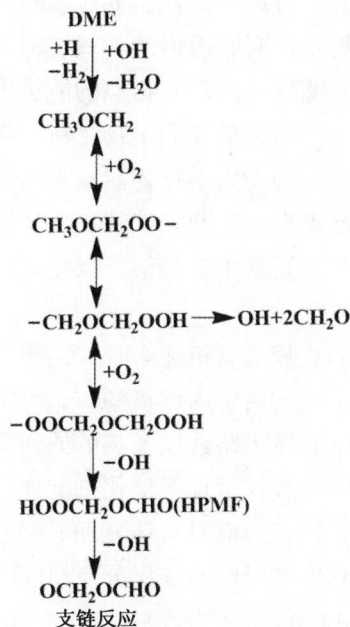

图 2-2　DME 低温氧化反应模型中简化反应机理示意图

2.3.3 正戊烷

和 DME 类似，在烷烃的低温氧化机理中，通过一次加氧及二次加氧之后形成的 OOQOOH，在经历氢迁移及脱 OH 之后生成的中间体，即是一种羰基氢过氧化物类物质。这里以正戊烷的低温氧化过程为例，即在反应过程中会生成 4-过氧化氢基-2-戊酮，分子式为 $CH_3C(=O)CH_2CH(OOH)CH_3$，简称 KHP。它与 2.3.2 中提到的 HPMF 一样，是一类氢过氧化物醛酮类中间体，且是链分支路径上至关重要的一类物质。KHP 的相关研究已经有很多，并且实验上也测得了该物质的存在，现在模型中 KHP 的消耗都是通过—OOH 基团上氧氧键的断裂进行的，但是是否还存在其他可能的消耗路径呢，譬如 OH 进攻 KHP 的反应动力学是如何的呢，会对低温氧化反应活性带来什么样的影响，以及对低温氧化过程中双酮类物质的产生又会有什么样的影响呢，这些都是未知的。故本书第 5 章将会对 KHP+OH 反应开展详细的化学反应动力学研究。希望通过这一反应动力学体系的分析，全面了解变分效应、多结构扭转非谐性、隧穿效应等在热力学及动力学计算中的影响。

2.3.4 糠醇

呋喃类生物燃料是一类芳香族环醚，主要包括呋喃、烷基呋喃和含氧取代基的呋喃。呋喃和呋喃衍生物是很有吸引力的含氧燃料，可以减少化石燃料的消耗和发动机排放。由于呋喃基燃料与汽油有相似的能量密度，且碳氢化合物和氮氧化物的排放量较低，作为一种很有前途的生物燃料，越来越引起人们的关注。因此，详细了解呋喃及其衍生物的动力学行为，对于其作为替代燃料在内燃机中的实际应用具有重要意义。近年来，呋喃和烷基呋喃（如 2-甲基呋喃和 2,5-二甲基呋喃）得到了广泛的研究，主要集中在热解、氧化、燃烧、点火延迟时间和理论研究等。

糠醇是一种非常重要的呋喃类有机化合物，由于其和汽油有相似的物理化学性质，可当作代用燃料或添加剂用于内燃机领域。对于糠醇燃料，人们现在主要集中在对其生产条件和合成的技术路线以及热解的研究。刘鹏等根据糠醛催化加氢合成糠醇的工业装置操作参数，讨论了催化剂配比、压力、进料速度等因素对糠醇生产的影响。邓争强分析了当前发展糠醛加氢制糠醇的意义，介绍了糠醛加氢制糠醇的三种工艺和糠醇生产所用的催化剂，综述了糠醇连续精馏技术。Jinglan Wang 等在温度为 1006～1339K、压力为 30Torr（1Torr=133Pa）、温度为 850～1131K、压力为 760Torr 的流动反应器，温度为 750～1050K、压力为 760Torr 的喷射搅拌反应器中进行了糠醇的热解实验，采用同步加速器真空紫外光电离质谱法对热解产物进行了鉴定和测定，建立了糠醇热解的综合动力学模型，研究结果表明，C—O 键解离反应、羟甲基上的氢提取反应和呋喃环上的氢加成反应控制了糠醇的消耗和 2-甲基呋喃、2-乙基呋喃、糠醛和呋喃等初级热解产物的生成。呋喃环上的羟基加成反应对糠醇的消耗有一定的贡献，而氢迁移反应的贡献可以忽略。Lili Xing 等采用高阶量子化学方法，结合 RRKM 理论/主方程法，计算糠醇与氢反应的速率常数。他们发现，在高温下，β-碳和 δ-碳位点上的氢加成反应形成双分子产物 2-亚甲基-2,3-二氢呋喃和羟基，2-亚甲基-2,5-二氢呋喃和羟基是主要的产物通道。糠醇与氢的总速率常数没有明显的压力依赖性，但每个反应通道的位点特异性速率常数表现出不同的温度和压力依赖性，在其所研究的温度和压力下，氢加成反应的总速率常数比氢提取反应的总速率常数高 3.3～10 倍。他们计算的数据可为研究糠醇燃料的燃烧特性提供有价值的信息。

第 7～9 章探讨糠醇燃料的单分子解离、与氧气和羟基的反应途径，基于燃烧反应动力学研究不同反应途径的热力学和动力学数据，目标是为进一步研究呋喃类生物燃料提供理论基础和为呋喃类生物燃料实际应用在发动机上以减轻国家在交通运输上的成本提供强有力的理论基础。

2.3.5 不确定性分析

在构建详细化学动力学模型时，需要精确的随温度和压力变化的化学反应速率常数。如前所述化学反应速率常数的准确性对于准确评估动力学模拟结果至关重要，故了解速率常数计算过程的误差大小将有利于进行动力学模型的误差评估；了解速率常数的计算过程中误差传递机制，将会为减小理论计算速率常数的误差指明方向，并对定性定量分析燃烧动力学模型的误差起到指导作用。目前统计动力学理论尤其是 RRKM/主方程（Master Equation）方法是应用最为广泛的计算化学反应速率常数的方法。利用全局不确定性分析探索 RRKM/主方程计算单势阱双反应通道体系的速率常数时的误差传递机制，希望能定量给出理论计算得到的温度与压力依赖的速率常数的误差。选取乙醇的单分子解离反应这一体系，是由于它的主要分解反应包括两条路径：$CH_3CH_2OH \longrightarrow C_2H_4 + H_2O$ 和 $CH_3CH_2OH \longrightarrow CH_3 + CH_2OH$。其中一条路径是一个无势垒的解离过程，需要利用变分过渡态理论来处理，这一体系是单势阱双反应通道体系的典型代表，有利于对竞争关系发生变化时的误差大小进行剖析。第 10 章将会对乙醇的单分子解离反应开展详细的全局不确定性分析工作。

2.4 小　结

　　为深入了解低温氧化反应机理，我们通过典型替代燃料组分的选取，探索其低温燃烧反应动力学机理，提供了精确的热力学和动力学数据，完善了反应机理，为未来低温氧化模型的全面发展提供了重要的理论依据和支撑。具体来说，本章主要是利用高精度理论计算手段，选取典型的替代燃料组分如环烷烃、二甲醚等，开展了详细的低温氧化反应动力学探究。我们采用的理论策略是首先通过高精度的量化计算，实现反应路径的计算，完善现有的反应机理；再利用 RRKM 理论结合主方程精确求解温度和压力依赖的速率常数。

第 3 章　燃烧化学中的理论计算方法

3.1　引　　言

　　燃烧过程中包含大量的化学反应,对所有基元反应开展实验研究是不实际的,而且实验检测也常常受到温度、压力等实际条件的限制。随着量子化学方法和计算机性能的飞速发展,理论研究已成为研究燃烧化学的有力手段。理论计算广泛应用于反应机理的研究,对反应路径及其速率常数的计算可以用来解释及预测燃烧过程中的重要路径;同时,热力学数据和输运数据等也可以由理论计算获得。

3.2　燃烧化学中的动力学理论

3.2.1　过渡态理论

　　过渡态理论(Transition State Theory,TST)是经典的化学动力学理论之一,首先要提到的是过渡态理论的几个基本经典假设:
　　(1)在相空间中存在分割面,将空间分成反应物区域和产物区域。
　　(2)起源于反应物且穿过该分割面,并且在产物状态下被热活化或稳定化之前不会再次回到表面,又叫作不返回假定。
　　(3)反应物在正则(固定温度)或微正则(固定总能量)系统中平衡,在后一种情况下,有时也考虑到总角动量守恒。
　　(4)来自核间运动和电子运动的 Born-Oppenheimer 分离是有效的。
　　1. 传统过渡态理论
　　传统 TST 是将通过的分割面放置在鞍点处,认为净速率常数等同于单向通量系数。在经典力学中,认为反应物平衡可以足够快地补充反应物态数,故 TST 提供了速率常数的上限。在反应势能面上存在这样一个点,沿着反应坐标方向上来看是势能最高点,而在其他方向上都是势能最低点,这个点就是鞍点,也就是常说的过渡态,把穿过这个鞍点且垂直于反应坐标的面叫作分割面。过渡态是具有固有能量、宽度、透射系数和部分宽度的量子力学亚稳态,它们的宽度(在能量空间中）是由它们的寿命和隧穿的程度决定的。在某种程度上，过渡态的属性可以用经典力学来理解，但是经典的近似值与过渡态的真正量子性质不足够对应，经常会导致定性预测结果的不正确。还有一个重要的概念是势能面，势能面是相关原子核自由度的有效势能函数的一个表示，原子核自由度指的是所有核自由度减去三个整体的平动自由度和两个或三个转动自由度。譬如，若一个分子有 N 个原子，则它的势能是以 $3N–5$（或 $3N–6$）个坐标组成的函数，故对多原子分子来说，实质上是个超曲面，因为存在三个或三个以上的变量。一般严格来说，势能面将通过（$3N–6$）维内部坐标空间的二维切割中的势能表示为两个坐标的函数的势能。在量子力学里，由微观粒子波动性所确定的量子效应，即是隧穿效应，又称势垒贯穿效应。本书中大多采用的 Eckart 方法和多维的小曲率隧穿理论计算隧穿效应因子。对于存在明显反应能垒的反应过程，可以用传统 TST 来计算它的速率常数，表达式为

$$k = \kappa \frac{k_B T}{h} \frac{Q^{\ddagger}}{Q_R} \exp\left(\frac{-E_0}{k_B} T\right) \tag{3-1}$$

式中，$Q^{\ddagger}$ 和 Q_R 分别为过渡态、反应物的配分函数；E_0 是鞍点与反应物两者之间的能量差；κ 为隧穿效应因子。

2. 变分过渡态理论

变分过渡态理论（Variational TST，VTST）的特征在于通过改变分割面的定义来最小化单向通量系数。在 VTST 中，首先定义一个反应路径以及沿着这条路径前进的坐标 s；然后考虑沿着这条反应路径的一系列不同的点进行过渡态的寻找；对于每个 s 值，计算出每个温度下过渡态的正则配分函数，找到最小值对应点；把找到的这个点对应的 s 值叫作变分过渡态 $s^*(T)$。这一过程等价于找到该点有最小单向通量系数的分割面，在 $s^*(T)$ 处对应的速率常数叫作 $k_{VTST}(T)$。对于化学键的直接断裂过程、自由基-自由基的结合、离子-分子的结合等，大多数都是无明显过渡态的反应过程，对于这些过程的处理，大都需要用到 VTST。刚刚提到的处理方法叫作正则变分过渡态理论，简写作 CVT（Canonical Variational TST）。还有一种常用的处理方式是微正则变分过渡态理论（Microcanonical Variational TST），简写作μVT。与 CVT 的不同处之处在于，μVT 是对各个能量 E 下沿着反应坐标改变过渡态的位置从而最小化微观速率常数 $k(E)$。若是同时考虑角动量 J 的守恒，则对应的即是 $k(E,J)$，但是 J 的引入将会使计算量大大增加，故在本书的研究工作中提到的μVT 计算是不考虑 J 的。

值得一提的是另外一种变分处理方式，叫作可变反应坐标过渡态理论

（Variable Reaction Coordinate Transition State Theory，VRC-TST）。在 VRC-TST 中，反应坐标 s 由一个反应物上的枢轴点与另一个反应物上的枢轴点之间的距离限定，并且分割面是根据与每个反应物连接的枢轴点来定义的。它的特点是利用了多面分割面，反应通量的评估涉及在广泛的过渡态分配函数的经典相位空间表示的坐标空间自由度上的蒙特卡罗积分，用于在宽范围的片段间分离上任意取向的反应物。这种变分处理方式更接近反应的物理意义，计算结果将是更精确的；但由于其计算成本较高以及对反应物枢轴点的定义较难等因素，在本书的完成过程中优先采用的是 CVT 或μVT 这两种变分处理方式。

3.2.2　RRKM/主方程理论

RRKM 理论是应用于单分子反应微正则系综的过渡态理论的名称，该理论还包含了以原始形式引入碰撞效应的热平均值。RRKM 理论是以四位卓越的科学家的姓名命名的，他们分别是 O. K. Rice、H. C. Ramsperger、L. S. Kassel、R. A. Marcus。RRKM 理论假定分子或自由基的各种模之间是强耦合的，即它处于微观平衡。在经典的 RRKM 框架中，微观速率常数 $k(E)$ 是由 TST 公式计算得到的，如下：

$$k(E) = \frac{N^{\ddagger}(E)}{h\rho(E)} \tag{3-2}$$

式中，$N^{\ddagger}(E)$ 是过渡态在系统能量小于 E 时的态数目；h 是普朗克常量，$\rho(E)$ 是反应物每单位能量的态密度（对单分子反应而言），或是反应物每单位能量及单位体积的态密度（对双分子反应而言）。若考虑隧穿效应，则 $N^{\ddagger}(E)$ 是通过态密度和隧穿概率的卷积获得的。用于计算态数目的刚性转子和谐振子模型通常在中低温度下有较好的近似结果，除了代表自由转子和谐振子中间情况的低频扭转模式。通常通过傅里叶适当级数的变换来拟合松弛的阻尼势，但若将阻尼转子作为谐振子处理，则会导致速率常数计算中的实质性误差。正如绪论中所言，非谐性效应的计算对长链分子而言是不容忽视的关键因素，本书中一种常用的方法是对于低频振动模式，采用一维阻尼转子近似处理；另一种较精确的方法是 Truhlar 教授课题组发展的多结构扭转非谐性方法（Multistructural Torsional anharmonicity，MS-T），它的优势是在合理的计算成本内还兼顾了扭转模式之间耦合的影响，这种方法将会在后面的章节中详细介绍。

接下来介绍在求解压力效应的速率常数的过程中构建的主方程，模型如图 3-1 所示。这里以一种常见的化学反应为例，即通过多个势阱（Wi），并且可以产生多个双分子物质（产物 P 和/或反应物，其表示为 R+M，这里分别指自由基 R 和分子

M，用于经典的自由基-分子反应）。
在这里浴气用 B 表示，且满足条件：
[B] >> [M] >> [R]。微正则异构化和解
离速率常数（用 RRKM 理论建模），
再加上简单能量转移模型（如使用
Lennard-Jones 碰撞速率和指数向下能
量转移的组合）共同定义了主方程，
对其求解即可得到所需的表观速率常

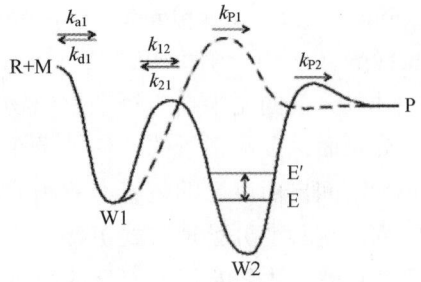

图 3-1　涉及主方程计算的物理模型的示意图

数。这里所说微正则 RRKM 理论对应的速率常数分别为：$k_{a1}(E)$、$k_{d1}(E)$、$k_{12}(E)$、$k_{21}(E)$、$k_{P1}(E)$、$k_{P2}(E)$；主方程对应的表观速率常数分别为：$k_{R+M\rightarrow P}(T,p)$、$k_{R+M\leftrightarrow W1}(T,p)$、$k_{R+M\leftrightarrow W2}(T,p)$、$k_{W1\leftrightarrow W2}(T,p)$、$k_{W1\rightarrow P}(T,p)$、$k_{W2\rightarrow P}(T,p)$。化学动力学涉及每对势阱之间的异构化和每个势阱的解离反应，这些化学过程再次通过与浴气 B 碰撞而被激活和失活。化学建模的目的，是希望可以用来代表这些势阱和产物之间的化学转化，即通过简单的表观反应速率常数规则来描述从任何一个物种到任何其他物种的转化率。重要的是要认识到，这些速率法则并不仅限于表示直接连接的动态进程，还包括一些间接进程（即 well-skipping，如 R+M 直接生成 W2 的过程）。对于间接过程，以 R+M 直接生成 W2 的过程为例，速率常数 $k_{R+M\rightarrow W2}$ 也是需要被很好地定义的。通过以上介绍，清晰地看到固定能量下的时间依赖性的主方程提供了微观动力学与建模所需的表观速率常数之间的直接联系。这种关联需要两个典型本征值之间在时间尺度上进行分离，这里所说的两个典型本征值分别对应的是描述化学变化的转换矩阵的本征值（Chemically Significant Eigenvalues，CSE）与描述碰撞引发的内部能量弛豫的本征值（Internal Energy Relaxation Eigenvalues，IERE）。通过这种分离，可以实现通过本征值的求解直接来评估表观速率常数。但需要注意的是，一旦内部能量弛豫完成（其定义是发生在比化学反应更快的时间尺度上），该解决方案的求解是精确的。在低温下，两者在时间尺度上通常是分离的。然而，在较高的燃烧温度下，这种分离通常模糊，并且两个或多个显见化学物质（如各个势阱物种之间）可以在与内部能量弛豫时间尺度相当或更短的时间尺度上彼此平衡。在这种情况下，两个平衡物种不再是可区分的，即将它们视为具有其独立动力学的可区分化学物质是不合适的。通过下面这个例子对这一过程进行分析，如一个物种的顺式和反式异构体之间的低能垒异构化反应，在非常低的温度下，人们可能认为这是两个不同的物种，每个都有自己独特的化学性质；然而，在较高的温度下，它们开始快速地异构化，此时可认为两种异构体是一种联合物种，且对应于异构化过程的本征值

变得非常大，并且已经有效地进入了 IERE 的准连续区域。重要的是，通过合并两种异构体，物种数量的简单减少产生了一个缩减的主方程式，通过对它的求解再次直接提供所需的表观速率常数。在低温氧化反应机理中需要注意的是，RO_2 和 QOOH 物质之间的平衡对于低温氧化是至关重要的，为这种动力学物种的合并现象也提供了一个特别相关的例子，这两种物种通常在低温燃烧机理的精确温度范围内合并。值得注意的是，两种物质的合并并不意味着 QOOH+O_2 反应不再有效，而是以简单的速率常数出现，即一般 QOOH+O_2 速率常数乘以在 QOOH：RO_2 均衡下 QOOH 的玻尔兹曼概率。这种合并过程对准确的综合建模造成了一些困难，Klippenstein 教授等提出一种方法，即将超出其存在范围的个体物种的速率常数进行外推，并且有效的外推应该考虑到合并物种后可以再现总速率常数，并将相对速率常数与平衡分支比率相关联。然而，对于具有多个产物通道的复杂多势阱体系，这种势阱的合并、主方程式的缩减和速率常数的外推等过程将会变得相当复杂。此外，引入这种变化将需要在热化学物质的输入机理和反应速率定义随温度变化等方面的显著改变。

主方程的初步实现还需要一些关于微观解离和异构化速率以及碰撞能量传递速率的模型。RRKM 理论假设分子内能量转移非常快，从而在整个反应过程中保持微观统计平衡，并通过将反应物与产物分离的近似物理分离表面评估通量，为预测微观速率提供了有用的方法。值得一提的是对碰撞的处理，大多数理论研究已经使用能量转移的简单经验模型。特别地，碰撞速率通常表示为 Lennard-Jones 碰撞速率 Z_{LJ} 和指数下降能量转移概率的乘积，如下：

$$k_c(E, E') \propto Z_{LJ} \exp\left(-\frac{\Delta E}{\alpha}\right); (E < E') \qquad (3\text{-}3)$$

式中，$\Delta E = E' - E$；α 是每次碰撞失活传递的平均能量，微观可逆性用于产生 $E > E'$ 的碰撞速率。简单的指数形式用于表示 α （即是我们经常所说的 $<\Delta E>_{down}$），即

$$\alpha = \Phi(T/300)^n \qquad (3\text{-}4)$$

这个模型的应用可以在宽范围的温度和压力下合理地再现实验数据。通过对实验的拟合以及轨迹模拟，通常建议 n 值在 0.8 附近。另外从经验上来说，发现 Φ 值在 $50\sim500cm^{-1}$ 的范围内，较大的物种通常具有较大的值。

3.3 燃烧化学中的量化计算

RRKM 或者 TST 理论的初步实现需要利用从头算电子结构方法来确定反应

物和过渡态的势垒高度以及振转参数等，并且可采用的最佳方法是因系统而异的。密度泛函理论（Density Functional Theory，DFT）是一种常用方法，对于稳定物种，它通常提供足够精确的动力学研究所必需的数据如结构和振动频率等；而对于过渡态，精度则是可变的，经典的 DFT 方法如 B3LYP 也可能在计算配分函数过程中产生数量级上的误差。近年来 Truhlar 教授课题组开发的 MN12、M08HX、M08SO 等相关泛函提供了在各种化学环境中适合的高精度特性。虽然一些较新的密度函数（如 M06-2X 和 B2PLYP-D3）更可靠，但使用的过程中仍然需要谨慎。具有单激发和双激发的耦合簇理论以及连续三重激发的准扰动处理（CCSD(T)形式），再加上完全基组（Complete Basis Set，CBS）外推的使用，可以使反应能量和势垒高度精确到约 1.1kcal·mol^{-1}。通过考虑更高级别的电子激发和更广泛的电子相互作用的各种修正项，可以进一步降低预测的不确定性，但计算成本也将会大大增加，特别是对大分子体系而言。另外经验表明，加入键加和法校正（QCISD(T)/CBS）后可以将生成热的能量计算不确定性降低到 0.6kcal·mol^{-1}，QCISD(T)/CBS 为二次组态相互作用方法引入单重激发组态 S 和双重激发组态 D 并且三重激发作为微扰项进行处理的方法，该方法与 CBS 基组配合使用。但是对于直接生成两个自由基的简单断键解离反应，对 TS 区域的准确描述往往是具有多参考态性质的。事实上 CCSDT(2)Q 和 CCSDT(Q)方法即耦合簇理论的延伸，全称与 QCISD(T)/CBS 方法类似。包括耦合簇理论中更高阶的四级连续激发，提供了一种更准确的处理此种多参考态体系的有效方法，但是其计算成本通常是无法承受的。那么对于此类具有多参考态性质的计算，譬如典型的臭氧、乙烯醇、双自由基等，往往采用的是多参考态方法，如来源于完全活化空间多参考波函数的二阶微扰理论 CASPT2，多参考组态相互作用 MRCI 等。在本书中，常用的多参考态方法是 CASPT2，活化空间的选择是因体系而异的，在后面使用的时候将会具体给出介绍。

3.4 燃烧化学中常用理论软件概述

3.4.1 动力学计算软件

（1）MESMER（Master Equation Solver for Multi Energy well Reactions）。MESMER 是 Michael Pilling 教授课题组开发的一款动力学软件，该软件是在 RRKM/主方程理论的基础上，针对多势阱、多反应通道的体系开发设计的。

（2）MESS（Master Equation System Solver）。MESS 是 Yuri Georgievskii 及

Klippenstein 等人开发的一款动力学计算软件。

（3）POLYRATE。POLYRATE 是 D.G.Truhlar 教授课题组开发的一款计算高压极限下化学反应速率常数的软件，它是基于变分过渡态理论（VTST）的，当然也支持常规的过渡状态理论计算。

（4）SS-QRRK（System-Specific Quantum RRK theory）。SS-QRRK 是 D.G.Truhlar 教授课题组开发的一款计算压力依赖的速率常数的动力学软件，它基于化学活化理论及强碰撞模型，且综合考虑了变分效应、隧穿效应及多结构非谐性效应等的影响。

（5）MSTor。MSTor 是 D.G.Truhlar 教授课题组开发的一款计算多结构非谐性效应的一款软件，同时可以计算一些主要热力学参数，如熵焓值等。

3.4.2　量化计算软件

（1）Gaussian。Gaussian 是由 M. J. T. Frisch 等人开发的从头算量子化学程序，本书中所有的构型优化及频率分析等计算都是利用 Gaussian09 程序计算完成的。

（2）Molpro。Molpro 是 H.-J. Werner 等人开发的一整套用于分子的电子结构计算的从头计算程序，重点是高精度计算，通过多组态参考的 CI、耦合簇和有关的方法，广泛处理电子相关问题。

3.5　小　　结

基于量子化学计算和反应动力学计算，可以获得燃烧组分及中间产物的热力学数据、基元反应的反应路径、速率常数等，为燃烧反应动力学模型发展提供基础数据。反应动力学模拟是连接微观反应动力学和实际应用的桥梁，是实现燃烧预测的关键手段。模型的误差分析是定量评估模型预测性能的手段，也是进行模型优化的基础。模型简化则是燃烧反应动力学详细模型走向实际工程应用的必由之路。

第 4 章　甲基环己烷低温氧化反应动力学研究

4.1　引　言

在实际燃料中，环烷烃和带有支链的环烷烃是很重要的组成部分，譬如在煤油中高达 35%，在柴油中高达 20%，在汽油中约 10%。为了发展中低温燃烧技术，譬如均质充量压缩燃烧（HCCI），环烷烃的低温氧化特性是被迫切需要的。大量前人的研究表明，在低温氧化点火中至关重要的一个因素就是低温氧化反应动力学，对于链烷烃的低温氧化的反应机理及速率规则，已经得到了广泛的研究，大量的低温氧化模型也得到了很好的验证。然而，关于环烷烃的低温氧化动力学研究却是很有限的。故关于环烷烃低温氧化机理的深刻理解的研究是迫切需要的，当然这也包括带有支链的环烷烃。前人关于环烷烃反应动力学模型的研究中，其中的动力学数据大多数都是类比链烷烃得到的。一个环烷烃自由基与氧气反应通常是先形成一个环烷烃过氧自由基，简写为 RO_2；然后 RO_2 会发生异构反应生成过氧化氢环烷烃自由基，简写为 QOOH；接着 QOOH 会发生分解反应生成不同的双分子产物，比如环醚和 HO_2 等。事实上，这些所有包含 QOOH 的后续反应是链增值反应，当然也有例外的情况，比如 QOOH 的第二次加氧的反应就是链分支反应。也就是说 QOOH 后续反应会产生两种不同的效应，一种是链增值效应，另一种是链分支效应。对于链烷烃分子，前人大量的研究也表明了 QOOH 这一中间体分子会导致两种不同的效应；通过烷烃过氧化自由基 RO_2 分子的 1,4 氢迁移或者 1,6 氢迁移或者 1,7 氢迁移反应得到的 QOOH 中间体将会导致链增值效应，而通过 RO_2 分子的 1,5 氢迁移得到的 QOOH 中间体将主要通过二次加氧反应，从而导致链分支效应。所以低温氧化活性的大小是由链分支反应的出现决定的，而在这一过程中起重要作用的就是 RO_2 分子的 1,5 氢迁移。

Battin-Leclerc 等人有一项关于低温氧化的综述研究工作，在这项研究中他们总结了关于低温氧化研究的现状及关键控制因素等，同时也指出了关于直链和带有支链的链烷烃的低温氧化反应动力学已经存在很完善的研究，但是对于环烷烃却是不完善的。Knepp 等人研究了环己烷自由基加氧气分子反应这一体系，采用了高精度的多参考态方法（CASPT2）和变分过渡态理论等方法计算加氧这一反应的速率常数,得到的结果为前人研究的异辛烷加氧的速率常数结果的 30%左右。
Yang 等人探索了环烷烃与链烷烃之间在低温氧化反应机理与反应活性方面的异同点,研究主要集中在过氧化自由基 RO_2 相关的异构反应的量子化学势能面的计算。Ning 等人研究了乙基环己烷自由基和氧气的反应,反应势能面采用了 CBS-QB3 复合方法,动力学计算采用了传统变分过渡态理论,在 400~1000K 的温度范围内得到的氧气加成反应的速率常数与 Knepp 等人计算的环己烷自由基的氧气加成反应相比慢了两个数量级。Cavallotti 等人采用 G2MP2 方法计算环己烷自由基与氧气加成反应的势能面,并结合 QRRK 求得了速率常数,但是他们计算的 1,5 氢迁移的速率常数在 700K 时却比 Ning 等人的结果(关于乙基环己烷过氧化自由基的)慢了三个数量级。综合这些前人研究可以看出,关于环烷烃动力学数据的研究是不完善的或者说现有的研究存在较大的差异,这将会阻碍环烷烃低温氧化动力学模型的发展。Pitz 等人研究了甲基环己烷在快速压缩机(RCM)中的点火特性,其中关于过氧化自由基的异构反应是类比直链烷烃的结果得到的,由此模拟得到了点火延迟时间,而结果显示在低温下点火延迟时间是过长的,并且不能模拟出实验中观测到的负温度效应现象。Hong 等人利用激波管实验测量了环己烷和甲基环己烷的点火延迟时间,表明了环烷烃低温氧化反应活性与反应物母体分子结构有紧密的联系。Mittal 等人也通过 RCM 测量了点火延迟时间,并利用 Pitz 等人的反应机理进行了模拟,但反应第一级及整体的点火延迟时间都是被高估了的。总之,尽管链烷烃的低温氧化动力学研究已经得到了很好的验证,但是关于环烷烃的低温氧化反应动力学的研究尚且存在争议。

理论计算可以为探究环烷烃结构与低温氧化反应活性之间的关系提供强大的工具。Rotavera 等人通过对 RO_2 分解反应的理论计算,比较了四氢吡喃和环己烷氧化机理中这两种结构的异同之处,对于链终止反应,两者之间存在很大的差别。Yang 等人通过量子化学手段,探究了环烷烃低温氧化的特殊之处,即相比类似的链烷烃而言,环烷烃在低温氧化过程中表现出较低的反应活性。Weber 等人计算了 $ortho\text{-}cy\text{-}C_6H_{10}(*)CH_3$ 对应的过氧化自由基 RO_2 的异构反应速率常数,并将其应用到反应动力学模型中,结果发现模型预测的点火延迟时间得到了改善。

在这项研究工作中,首先选择将氧气加成到甲基环己烷支链位置上(即甲基位点上)$cy\text{-}C_6H_{11}CH_2$ 来研究,目的是探究直链与环烷烃在低温氧化反应动力学上的相似性与区别性。其次选取两种典型的甲基环己烷自由基,即自由基位点位于环上的时候,分别是带有三级碳自由基位点的 $^tcy\text{-}C_6H_{10}(*)CH_3$ 和带有二级碳自由基位点的 $ortho\text{-}cy\text{-}C_6H_{10}(*)CH_3$,如图 4-1 所示结构,对这两种结构的低温氧化动力学开展探究工作。通过高精度的量子化学计算手段，结合微正则变分过渡态理论，再结合 RRKM/主方程理论，为这一体系提供精确的反应动力学数据，为甲基环己烷低温氧化的链分支、链增值及链终止等反应通道拓展了广泛的温度和压力依赖的动力学数据。

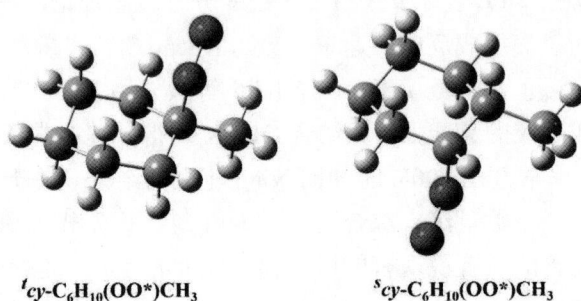

^{t}cy-C$_6$H$_{10}$(OO*)CH$_3$　　　　　^{s}cy-C$_6$H$_{10}$(OO*)CH$_3$

图 4-1　两种典型的甲基环己烷自由基对应的 RO$_2$ 结构

注：这里的 O$_2$ 分子都是在环烷烃环上的情况，^{t}cy-C$_6$H$_{10}$(OO*)CH$_3$ 指的是 O$_2$ 在环上三级碳位点，ortho-cy-C$_6$H$_{10}$(OO*)CH$_3$ 指的是 O$_2$ 在环上二级碳位点，ortho-指的是 OO 与 CH$_3$ 基团之间是邻位的关系，这里为了方便将简写作 ^{s}cy-C$_6$H$_{10}$(OO*)CH$_3$。

4.2　理论计算方法

4.2.1　动力学理论

由于三态氧气的自由基特性，自由基与氧气的加成反应是一个无势垒的反应路径，在这项研究中对此无势垒通道采用的是微正则变分过渡态理论。考虑到计算成本与计算效率两者之间的平衡，正则或微正则变分过渡态理论被广泛应用到此类无势垒的氧气加成反应通道中，特别是对于较大的碳氢燃料分子，譬如 Ning 及 da Silva 等人的研究。关于微正则变分过渡态理论，变分过渡态的态数目是沿着最小能量路径（Minimum Energy Path，MEP）能量及其位置的函数。对于其他存在明显能垒的路径，速率常数的计算是通过 RRKM/主方程方法（通过 MESS 软件）结合 Eckart 隧穿效应校正得到的。大部分的振动模式是当成谐振子近似处理的。对于一些对应于内转动的低频振动模式，是被处理成了一维阻尼转子，其中阻尼势函数的扫描方法是 B3LYP/6-311 ++ G(d,p)。碰撞能量转移模型采用的是应用广泛的单参数温度依赖指数下降模型，即 $<\Delta E>_{down} = 250(T/300K)^{0.85}$，这个模型在之前的环己烷氧化体系中已经得到了很好的验证。RRKM/主方程的计算条件分别是：温度范围为 400～1500K，压力为 0.01atm、0.1atm、1atm、10atm 和 100atm；浴气采用的是 Ar，反应物分子与浴气之间的相互作用采用的是 Lennard-Jones (L-J) 模型。根据经验方程，首先计算出 L-J 参数，对于 cy-$C_6H_{11}CH_2OO$：$\sigma_1= 6.33$Å，$\varepsilon_1= 332.34cm^{-1}$；对于 Ar：$\sigma_2=3.47$Å，$\varepsilon_2=79.2cm^{-1}$；对 ^tcy-$C_6H_{10}(OO^*)CH_3$：$\sigma_3=6.24$Å，$\varepsilon_3=337.28cm^{-1}$；对于 ^scy-$C_6H_{10}(OO^*)CH_3$：$\sigma_4=6.42$Å，$\varepsilon_4=340.40cm^{-1}$。（1Å$=10^{-10}$m）

4.2.2　量化方法

为了对可能存在的反应路径进行分析，首先对可能存在的反应路径上的结构进行优化和频率分析，采用的方法是 B3LYP/6-311 ++ G(d,p)。单点能的计算采用的是二次组态相互作用 QCISD(T) 和 MP2 二阶微扰理论方法相结合的方法，然后将能量外推到完全基组极限。这个组合方法已经在前人的研究中被证明了具有较高的性价比，即在保证计算精度的同时可以节约计算成本。对于无势垒反应过程，往往需要多参考态计算方法。前人大量关于碳氢燃料及含氧燃料碳氢燃料的研究表明，完全活化空间自洽场二阶微扰理论（CASPT2）方法结合 cc-pVDZ 基组对于无势垒反应（如 R + O_2）的计算有着较优异的表现。所以在这项工作中，采用 CASPT2/cc-pVDZ 这种方法构建了 cy-$C_6H_{11}CH_2$、^tcy-$C_6H_{10}(^*)CH_3$ 及 ^scy-$C_6H_{10}(^*)CH_3$ 三个自由基与 O_2 结合的势能曲线。活化空间选作 CAS(7e,5o)，它表示的活化空间包含的是 7 个电子、5 个轨道，这里具体包含的是 O—O 上所有的Π轨道和Π*反键轨道(6e,4o)，再加上相应自由基占据的轨道(1e,1o)。在用此方法扫描得到解离曲线后，需要将曲线上每个点的能量进行高精度的校正，即利用 cc-pVTZ 和 cc-pVQZ 进行完全基组极限外推的校正。所有的 DFT、QCISD(T)、MP2 的计算都是利用 Gaussian09 程序完成的。所有的 CASPT2 的计算都是利用 Molpro 程序包完成的。

4.3　cy-$C_6H_{11}CH_2$ 自由基与 O_2 反应

4.3.1　cy-$C_6H_{11}CH_2$ 与 O_2 反应路径

经碰撞被稳定下来的反应路径（即 RO_2 的生成过程）的重要性与即将形成的 C—O 键的强弱是相关的。表 4-1 列出了在 0K 下不同 RO_2 的生成焓值。经过 QCISD(T)/CBS 方法的计算，分别得到了 cy-$C_6H_{11}CH_2$（侧链上一级碳自由基位点）$+O_2$、cy-$C_6H_{11}CH_2CH_2$（侧链上一级碳自由基位点）$+O_2$、cy-$C_6H_{11}CHCH_3$（侧链上二级碳自由基位点）$+O_2$、cy-$C_6H_{11}C(CH_3)_2$（侧链上三级碳自由基位点）$+O_2$ 的生成焓为 33.79kcal·mol^{-1}、33.03kcal·mol^{-1}、34.93kcal·mol^{-1}、36.53kcal·mol^{-1}。为了对比，同时采用相同的计算方法计算非环烷烃 RO_2 的生成焓。在这里以庚烷的过氧化自由基 $C_7H_{15}OO$ 为例，得到了它的一级碳自由基位点、二级碳自由基位点、三级碳自由基位点的 RO_2 分别为 34.21kcal·mol^{-1}、35.20kcal·mol^{-1}、37.40kcal·mol^{-1}。通过这一对比，发现 O_2 加成到环烷烃侧链上生成焓的大小与加成到直链烷烃上呈现相似的规律，即都取决于待加成位点的类型（伯仲叔级别）。对于环烷烃环上的自由基位点，如三级碳 $^t cy$-$C_6H_{10}(OO)CH_3$ 的生成焓是 36.56kcal·mol^{-1}；二级碳 $^s cy$-$C_6H_{10}(OO)CH_3$ 的生成焓是 35.78kcal·mol^{-1}，相比前者低了 0.78kcal·mol^{-1}。所以可以看出，O_2 加成到环烷烃的环上时与加成到环烷烃侧链以及链烷烃上呈现相似的趋势。与链烷烃相比，环烷烃并没有由于六元环的存在（该六元环几乎无环张力）而影响 RO_2 的生成焓。

表 4-1　不同的 RO_2 生成焓值比较

RO_2	生成焓/（kcal·mol^{-1}）	方法
cy-$C_6H_{11}CH_2OO$	33.79	QCISD(T)/CBS
cy-$C_6H_{11}CH_2CH_2OO$	33.03(*34.20*)[#]	QCISD(T)/CBS
cy-$C_6H_{11}CH(OO)CH_3$	34.93	QCISD(T)/CBS
cy-$C_6H_{11}C(OO)(CH_3)_2$	36.53	QCISD(T)/CBS
n-$C_6H_{13}CH_2OO$	34.21	QCISD(T)/CBS
i-$C_5H_{11}CH(OO)CH_3$	35.20	QCISD(T)/CBS
t-$C_4H_9C(OO)(CH3)_2$	37.40	QCISD(T)/CBS
$^t cy$-$C_6H_{10}(OO)CH_3$	36.56	QCISD(T)/CBS
$^s cy$-$C_6H_{10}(OO)CH_3$	35.78	QCISD(T)/CBS

注：数值对应的是条件是 $T=0K$；#斜体数字来源于前人的研究；上标 t 和 s 表示 OO 分别位于环上三级碳和二级碳上。

在这项工作中，利用高精度的量子化学方法计算所有的反应路径，图 4-2 只给出了主要的反应路径。具体来说，首先是采用 B3LYP/6-311++G(d,p)进行构型优化及频率分析，再利用 QCISD(T)/CBS 进行高精度的单点能计算。值得一提的是，有 4 个不同的 QOOH，分别被命名为 W2、W3、W4、W5，它们有着相似的稳定性，相对于反应物入口而言，它们的能量为–22～–20kcal·mol^{-1}。前人大量的研究已表明，对于 RO_2 分子内的 H 迁移，从而形成不同的 QOOH 自由基，这是影响低温氧化反应活性中至关重要的一步。对于 RO_2 不同的异构反应，它们的异构能垒排序分别为：1,6 氢迁移≤1,5 氢迁移≤1,7 氢迁移≤1,4 氢迁移。

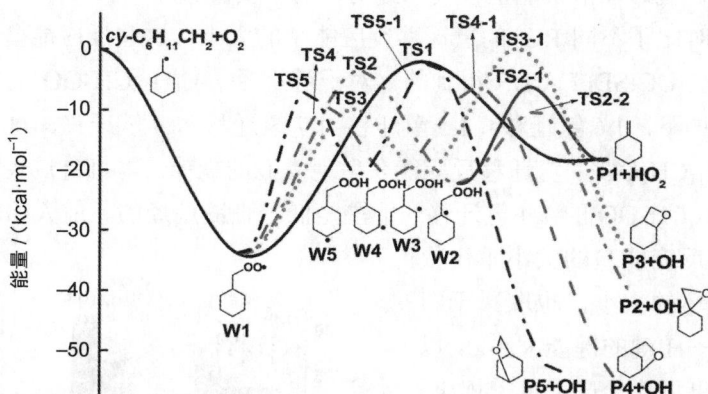

图 4-2　以 cy-$C_6H_{11}CH_2$+O_2 为反应物出发构建的反应势能面图
注：图中能量采用的计算方法是 QCISD(T)/CBS//B3LYP/6-311++G(d,p)，以入口 cy-$C_6H_{11}CH_2$ + O_2 的能量为零点，这里仅仅给出了主要的反应路径。

　　能垒是反映一个反应进行快慢的重要因素之一。从最开始的加合物 W1 出发，它的异构动力学最占据优势的路径应该是经过 1,5 氢迁移生成 W3 和 1,6 氢迁移生成 W4 这两条路径。还有一条是直接的协同消去反应，经过一个 $31.27\text{kcal}\cdot\text{mol}^{-1}$ 的能垒（TS1），可以生成 P1 和 HO_2，但它的能垒是比氢迁移异构反应的能垒高一些的。然而，熵也是影响一个反应进行快慢的重要因素之一。P1 和 HO_2 的生成路径，由于 TS1 的较松散的结构特性以至于它的熵比较大，特别是在高温下这条路径将起到很重要的作用。这些经异构生成的 QOOH 后续将会生成双环的含氧化合物，并且从势能面可以看出，这一步的反应能垒基本都是低于反应入口能量的。W2 将经历β解离形成 P1 + HO_2 或者形成一个双环含氧化合物 P2 同时伴随着 OH 的消去，它们的反应能垒分别是 $15.53\text{kcal}\cdot\text{mol}^{-1}$ 和 $11.51\text{kcal}\cdot\text{mol}^{-1}$，这一结果表明 P2 与 OH 的形成将会占据优势。W3 将经历一个 $20.28\text{kcal}\cdot\text{mol}^{-1}$ 的能垒生成 P3 和 OH。同样的道理，W4 将经历一个 $14.29\text{kcal}\cdot\text{mol}^{-1}$ 的能垒生成 P4 和 OH，W5 将经历一个 $17.90\text{kcal}\cdot\text{mol}^{-1}$ 的能垒生成 P5 和 OH。故从计算得到的反应势能面上可以看出，O_2 加成甲基环己烷自由基生成的 RO_2 即 W1，更倾向于通过 1,6 氢迁移及 1,5 氢迁移分别生成 W4 和 W3。然而，由于 W3 后续解离路径的能垒较高，这将会导致 W3 不会被解离掉而是会被大量地累积，以致发生二次加氧反应从而导致链分支效应。相反地，对于 W4，由于其后续解离路径的能垒相对较低，故 W4

将会被大量的分解消耗掉，而不会引起链分支反应。值得一提的是，QOOH 也会存在一些较高能垒的反应路径，譬如 OH 的迁移、环内 C—C 断键导致的开环反应等，但是这些路径由于能垒较高以致对动力学贡献较小。

图 4-3 对比了不同 RO_2 的氢迁移反应能垒的大小，这些反应能垒都是采用同一种计算方法 QCISD(T)/CBS 得到的。对于链烷烃 n-$C_6H_{13}CH_2OO$ 的氢迁移反应的能垒排序如下，1,6 氢迁移≤1,5 氢迁移<1,7 氢迁移<1,4 氢迁移，这一现象与环烷烃 cy-$C_6H_{11}CH_2OO$ 的氢迁移反应能垒呈现类似的规律。与直链烷烃相比，仅环烷烃 cy-$C_6H_{11}CH_2OO$ 的 1,4 氢迁移的能垒是低于直链烷烃的。前人的研究表明，RO_2 氢迁移反应能垒的大小不仅依赖于过渡态环的大小，也取决于即将断开的 C—H 键的键能大小。所以说，计算结果再次验证了这一规律，由于 cy-$C_6H_{11}CH_2OO$ 的 1,4 氢迁移过程中被提取的氢原子是位于三级碳上的，其对应的 C—H 键能较弱，故而它的反应能垒是较低的。对于环己烷过氧自由基 cy-$C_6H_{11}OO$ 的氢迁移反应的能垒排序如下：1,5 氢迁移<1,6 氢迁移<1,4 氢迁移，这一规律与链烷烃的有所不同。总体看来，

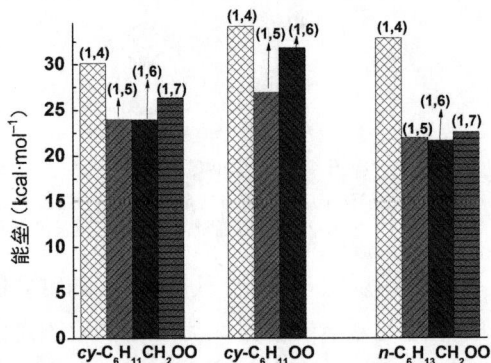

图 4-3   QCISD(T)/CBS 方法得到的不同 RO_2 发生氢迁移反应的能垒对比

环烷烃对应的 RO_2 的 1,5 氢迁移及 1,6 氢迁移的能垒是普遍高于链烷烃对应的 RO_2 的氢迁移能垒的，这可能是由于对环烷烃而言，氢迁移的过渡态是双环结构造成。对于环烷烃，带有支链与不带支链的比较，即等同于甲基环己烷与环己烷对应 RO_2 的比较，结果表明对于同种类型的氢迁移，前者氢迁移的能垒是低于后者的，原因可能是甲基支链的存在导致过渡态的结构更灵活，这一结果在 Yang 等人的研究中也有类似发现。

4.3.2 RO_2 (cy-$C_6H_{11}CH_2OO$)的生成反应

$R+O_2$ 的结合重组反应是整个 RO_2 化学反应的起始步，它将直接影响整个链式反应机理，故这一计算是至关重要的。图 4-4（a）给出了计算的高压极限下的 cy-$C_6H_{11}CH_2OO$ 生成反应速率常数以及与其他研究的对比情况。对于 cy-$C_6H_{11}OO$ 的生成反应速率常数的测量，仅有两个相关的实验工作，如 Wu 等人通过光电离

质谱测量了 3.5Torr 下的实验数据以及 Platz 等人利用脉冲辐射电解技术测量了 750Torr 下的实验数据。这两项研究表明，这一结合反应在低温区间 230～296K 下并没有呈现压力依赖效应。Knepp 等人计算了环己烷自由基 $cy\text{-}C_6H_{11}+O_2$ 在高压极限下的速率常数，相比实验测量结果是高了约 1.4 倍的。从图中还可以看出，与前人关于环己烷以及链烷烃的氧气加成相比（如 Knepp 等人及 Miyoshi 等人），此处关于 $cy\text{-}C_6H_{11}CH_2+O_2$ 的计算结果呈现了较强的负温度依赖效应，特别是在低温下（200～500K）。在中低温区（300～1000K），$cy\text{-}C_6H_{11}CH_2+O_2$ 的结合与链烷烃 $n\text{-}C_6H_{13}+O_2$ 的结合反应速率常数是很接近的，但是却比 $cy\text{-}C_6H_{11}+O_2$ 的结合反应速率常数低了 70%～75%。这

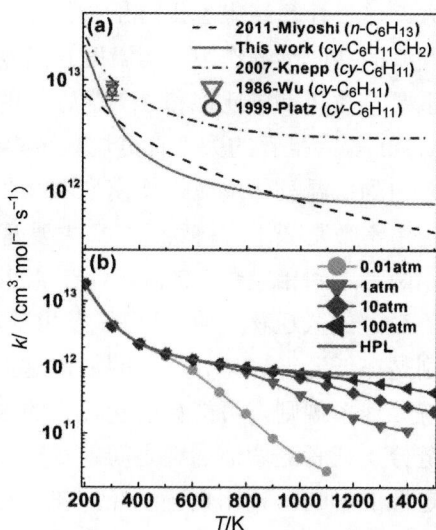

图 4-4　$cy\text{-}C_6H_{11}CH_2+O_2 \rightarrow cy\text{-}C_6H_{11}CH_2OO$ 的速率常数随着温度和压力的变化情况

（a）高压极限下；（b）不同的温度和压力条件下

注：高压极限下 $n\text{-}C_6H_{13}$ 及环己烷自由基与氧气结合的速率常数分别来自 Miyoshi 等人的研究，Wu 和 Platz 等人的速率常数分别是在 3.5Torr、（298±2）K，以及 750Torr、298K 的实验条件下测得的。

一区别可能是由于 O_2 加成到不同的自由基位点上引起的，即取决于 O_2 是加成到伯或仲亦或叔级碳上。图 4-4（b）给出了计算的不同压力条件下的 $cy\text{-}C_6H_{11}CH_2OO$ 生成反应速率常数，从图中可以看出，在 500K 以下的范围内，这一结合反应几乎没有压力依赖效应。这一结果也再次验证了室温条件下实验上关于环己烷自由基与氧气的加成几乎没有压力依赖效应的合理性。另外，也表明在高温下 RO_2 生成反应的压力依赖效应是不容忽视的，譬如在 1atm 及 1000K 时，RO_2 生成反应速率常数与高压极限下的结果有 2.3 倍之差。

4.3.3　$RO_2(cy\text{-}C_6H_{11}CH_2OO)$ 的异构化反应

正如上面的结果所示，分子内氢迁移反应是影响整个低温氧化反应活性机理中至关重要的一步，所以不仅比较了不同氢迁移反应能垒的大小，而且比较了这些不同 RO_2 氢迁移反应速率常数的大小，如图 4-5 所示。对于甲基环己烷 $cy\text{-}C_6H_{11}CH_2OO$，它的 1,5 氢迁移反应速率常数比 1,6 氢迁移的大了 2 倍左右，尽管 1,5 氢迁移的能垒比 1,6 氢迁移的高了 0.06kcal·mol^{-1}，这应该是由于前者的熵

较大。这一计算结果也提醒了我们，在评估速率常数的大小时，要兼顾反应焓变以及熵的共同影响作用。当温度升高到 1100K 时，由于熵在高温下影响变得越来越重要，故 1,4 氢迁移和 1,7 氢迁移的速率常数变得几乎相同。图 4-5 中给出了 Miyoshi 等人推荐的关于直链烷烃 $n\text{-}C_6H_{13}OO$ 异构的速率常数，这一结果已被广泛应用到低温氧化反应机理模型中。在低温下，环烷烃对应 RO_2 的 1,5 氢迁移反应速率常数是低于直链烷烃的，主要是由于低温下焓变影响为主导，譬如在 800K 时，两者之间相差约 9.2 倍，而在 400K 时两者之间相差约 30 倍。相比链烷烃对应的 RO_2 的氢迁移反应，环己烷及甲基环己烷对应的 RO_2 的氢迁移表现出了差异，特别是在低温下，差异性更明显，这提醒我们在推导环烷烃速率常数时，若类比链烷烃速率规则，可能会引起较大的误差。不同的氢迁移反应的速率大小，将导致链分支或者链增值通道之间的竞争发生较大的变化，从而对低温氧化活性产生决定性的影响。相比直链烷烃，在环己烷的快速压缩机实验中可以观测到更长的点火延迟时间，这也是环烷烃与链烷烃反应活性不同的一个有力说明。

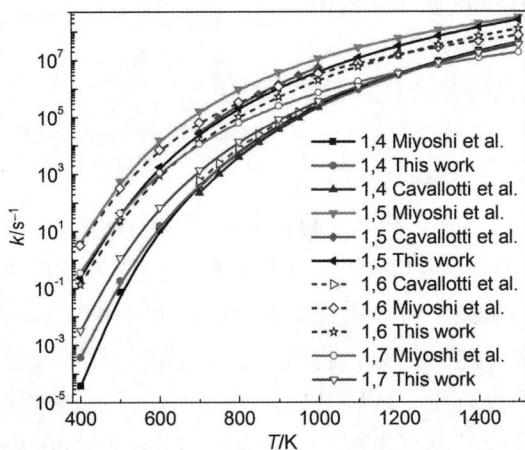

图 4-5　不同 RO_2 在高压极限下的氢迁移反应速率常数

注：来自 Cavallotti 等人的是 $cy\text{-}C_6H_{11}OO$ 异构反应速率常数，来自 Miyoshi 等人的是 $n\text{-}C_6H_{13}OO$ 异构反应速率常数。

4.3.4　$cy\text{-}C_6H_{11}CH_2+O_2$ 的压力依赖效应

图 4-6 给出了以 $cy\text{-}C_6H_{11}CH_2+O_2$ 为双分子反应物出发的所有主要路径的速率常数，这里包括了双分子产物通道 P1+HO_2、P2+OH、P3+OH、P4+OH、P5+OH 的生成以及 RO_2 及 QOOH 的生成等的速率常数。从图中可以看出，在研究的温度

区间（400～1500K），当压力>1atm 时，过氧化物 cy-$C_6H_{11}CH_2OO$（即图中的 W1）的生成为主导。在低压下，如压力≤0.1atm，则 W1 的生成随着温度的升高而下降，所以其他分解路径变得越来越重要，以至于在高温下变得很重要。譬如，在 0.01atm 时，当温度大于 1000K 后，这些双分子产物的生成路径为主导。值得一提的是，HO_2 消去反应路径在甲基环己烷氧化机理中是链终止的角色，这是由 HO_2 分子的相对不活泼性质决定的。由图 4-6 可以看出 HO_2 消去反应路径与其他 OH 的生成路径之间有着很强的竞争关系，而这些 OH 生成路径大多是与链增值相关的。这一竞争关系是与甲基环己烷的低温氧化活性的大小相关的。不同的 QOOH 中间体（即图中的 W2～W5）将会发生二次加氧，从而引发链分支反应。W3 是经过 W1 的 1,5 氢迁移反应得到的，这一反应由于具有较低的反应能垒，故而 W3 的生成是被认为占优势的。这一现象与之前关于链烷烃的低温氧化机理中 1,5 氢迁移对于链分支起到的关键作用是一致的。然而，值得注意的是，W3 会很容易发生逆反应回到 W1，故关于 W3 的异构、分解或者进行二次加氧之间的竞争关系是需要未来更深刻地研究的，这一研究有助于对低温氧化机理深入的理解。在这项工作中，计算得到的温度及压力依赖的速率常数有助于环烷烃低温氧化模型的更新发展和完善。

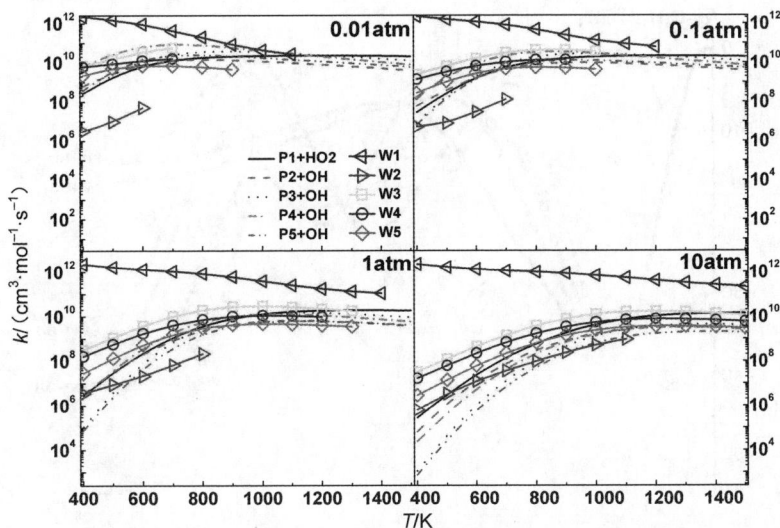

图 4-6 以 cy-$C_6H_{11}CH_2$+O_2 为反应物入口的所有路径的温度压力依赖的速率常数

4.4　其他两种典型甲基环己烷自由基
与氧气反应

4.4.1　反应路径的计算

图 4-7 给出了两个自由基与氧气反应的势能面图，其中能量计算采用的方法是 QCISD(T)/CBS//B3LYP/6-311++G(d,p)，且图中的零点是以最低能量的构象为基础的（可参见图 4-1 中的结构）。不同构象之间的转化是很快的，故构象之间转化并不是整个反应机理的决速步。关于乙基环己烷自由基不同构象之间的转化机理的研究也表明了该异构能垒最高仅有 10kcal·mol^{-1}，故在 300~2200K 的温区范围内构象之间的转化将会比氢迁移反应快 3~5 个数量级。对于甲基环己烷，最稳定的构象指的是椅式环以及甲基位于平伏键。从图 4-7 的 W1″出发，反应能垒最低的路径是经过一个 1,5 氢迁移反应形成 W4″，这一过程经历了一个六元环的过渡态，其对应的能垒是 27.0kcal·mol^{-1}。

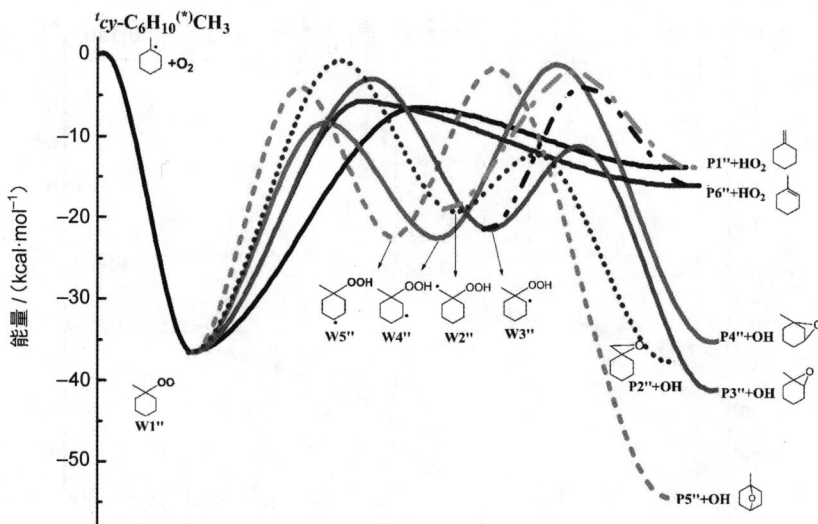

（a）

图 4-7（一）　QCISD(T)/CBS//B3LYP/6-311++G(d,p)方法计算得到的反应势能面图

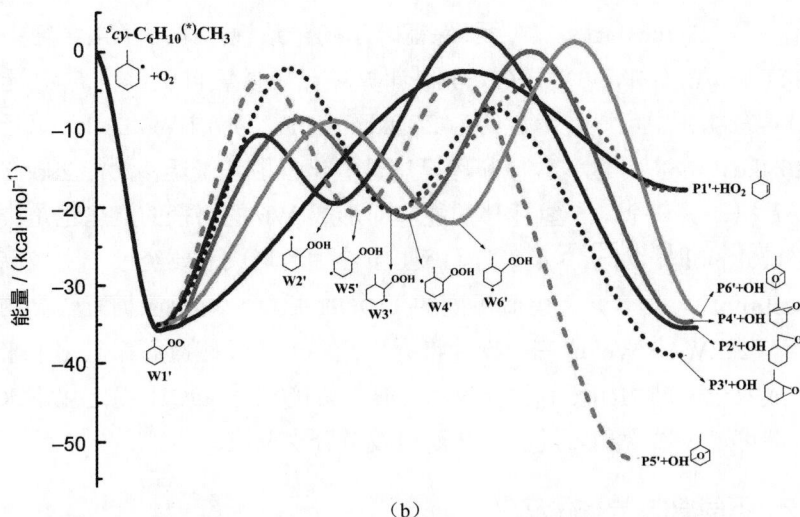

（b）

图 4-7（二）　QCISD(T)/CBS//B3LYP/6-311++G(d,p)方法计算得到的反应势能面图

注：这里选取的两个典型自由基都是自由基位点在环上的情况，即分别为 ^tcy-C$_6$H$_{10}$(OO*)CH$_3$ 及 ^scy-C$_6$H$_{10}$(OO*)CH$_3$，其对应的分子结构见图 4-1。

同时，W1″经历 1,6 氢迁移形成了 W5″，它对应的能垒比 1,5 氢迁移高了 3.6kcal·mol^{-1}。对于 HO$_2$ 的协同消去反应，需要经历一个能垒为 30.2kcal·mol^{-1} 的过渡态。对于 W1″不同的异构反应能垒大小的排序如下：1,5 氢迁移< 1,6 氢迁移< 1,4 氢迁移。这一顺序和 Kneep 等人的计算得到的环己烷过氧化自由基的氢迁移反应一致。值得注意的是，对于 W1″，还存在另外一条 1,4 氢迁移路径，即提取甲基上的氢原子，但是这条路径的能垒约 35.8kcal·mol^{-1}。接下来，这些经历异构形成的 QOOH 将会发生进一步的反应，如发生分解反应生成双环含氧化合物和 OH 等。从势能面上可以看到，从 W2″出发生成 P2″以及 OH 的通道具有较低的能垒，约 6.5kcal·mol^{-1}。另外，从 W3″出发生成 P3″和 OH 的路径需要经历一个 10.0kcal·mol^{-1} 的能垒。P4″和 OH 的生成具有约 21.0kcal·mol^{-1} 的能垒，这也表明对于 W4″，将不太可能被分解掉，而是大部分会经历碰撞而被稳定化下来。当氧气加成到甲基环己烷自由基上的直立键时，可以形成图 4-7（b）中的 W1′，以此为反应物出发进行后续反应路径的分析，图 4-7（b）给出了对应的反应势能面图。可以看到，对于 W1′，存在三条 1,5 氢迁移反应路径，其中一条是提取甲基上的氢原子形成 W2′，另外两条分别是提取甲基环己烷环上的氢原子形成 W4′和 W6′。很明显可以看出，从焓变的角度来看，优先的反应将会通过一个 24.2kcal·mol^{-1} 的能垒形成 W2′。Kneep 等人采用 G2MP2 方法计算环己烷过氧自由基 1,5 氢迁移

的反应能垒是 27.3kcal·mol^{-1}。为了保证方法的一致性，采用了该研究中的方法 QCISD(T)/CBS//B3LYP/6-311++G(d,p)也计算环己烷过氧自由基 1,5 氢迁移的能垒，从图 4-7（b）中可以看出，约为 26.9kcal·mol^{-1}。形成 W4′的 1,5 氢迁移的能垒约为 26.4kcal·mol^{-1}，这一数值和环己烷过氧化自由基氢迁移的能垒较接近。同时也可以看出，另一个 1,5 氢迁移的能垒即形成 W6′的路径的能垒也是类似的，约为 26.3kcal·mol^{-1}。对于 1,4 氢迁移反应，W3′的形成需要经过一个较高的能垒约 32.9kcal·mol^{-1}。再者，考虑到不同的 QOOH 后续分解反应拥有较高的反应能垒，那么 W2、W4、W6 这三个物种将会更倾向于通过碰撞而稳定化下来，而不是分解生成双分子产物如环氧化合物和 OH。紧接着，QOOH 稳定化下来之后，这些物种即可通过二次加氧反应，从而引发链分支反应。

4.4.2　不同 RO$_2$ 异构化反应

对链烷烃及环烷烃的低温氧化反应来说，1,5 氢迁移反应生成的 QOOH 将主要通过二次加氧进行链分支反应，故 1,5 氢迁移反应对整个低温氧化活性起到至关重要的作用。于是将不同的过氧化自由基 RO2 对应的 1,5 氢迁移反应能垒单独列出来，如图 4-8 所示，这些反应能垒都是采用同一种计算方法（QCISD(T)/CBS）得到的，对此进行对比与分析。图 4-8 中括号内的标记譬如(ps)指的是被提取的氢原子是在二级碳上，而 OO 基团位于一级碳上。前人大量的研究表明，链烷烃过氧化自由基的 1,5 氢迁移反应能垒是由即将发生迁移的氢原子所在的 C—H 键的键能决定的。对于环烷烃过氧化自由基，除上面提到的 C—H 键键能之外，过渡态环张力的大小也将影响着氢迁移反应能垒的高低。所以说对于同一类型的氢迁移反应，即被提取的氢原子类型相似时，环烷烃过氧化自由基的氢迁移能垒通常会高于链烷烃过氧化自由基的氢迁移反应，譬如对于 ss 类型的 1,5 氢迁移反应，链烷烃的 C$_4$H$_9$CH(OO*)C$_2$H$_5$ 的 1,5 氢迁移能垒是 21.3kcal·mol^{-1}，而同类型的环烷烃 cy-C$_6$H$_{11}$OO* 和 cy-C$_6$H$_{10}$(OO*)CH$_3$ 对应的氢迁移能垒是 26～27kcal·mol^{-1}；对于 ts 类型的 1,5 氢迁移反应，^{t}cy-C$_6$H$_{10}$(OO*)CH$_3$ 的氢迁移能垒比 C$_3$H$_7$C(OO*)(CH$_3$)C$_2$H$_5$ 高 4.2kcal·mol^{-1}。这一现象可以通过以下的解释来阐明：过渡态的六元环（CCCOOH）共享环烷烃主环上的三个碳原子，这可以提高环己烷主环的环张力。通过比较 R3-1、R3-5 和 R3-6，发现甲基在环己烷环上的影响并不是很明显，这三个反应拥有类似的能垒，为 26～27kcal·mol^{-1}。相比之下，甲基环己烷过氧化自由 1,5 氢迁移较高的能垒特性将会抑制链分支反应，这也为甲基环己烷相比正庚烷具有较低氧化活性提供了有力的理论支撑。

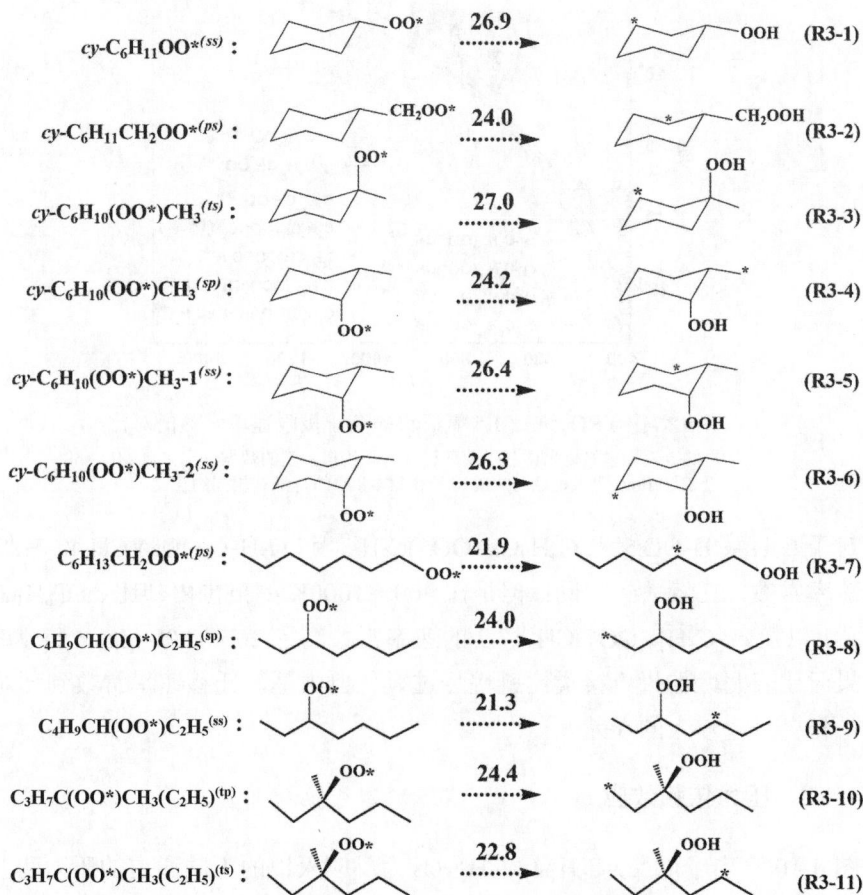

图 4-8　不同 RO_2 的 1,5 氢迁移反应能垒的比较

注：计算方法是 QCISD(T)/CBS//B3LYP/6-311 ++ G(d,p)。

　　考虑到 1,5 氢迁移反应对低温氧化反应活性的重要性，图 4-9 给出了不同类型的 RO_2 发生 1,5 氢迁移反应的高压极限速率常数。链烷烃对应 RO_2 的 1,5 氢迁移速率是高于环烷烃对应的 RO_2，这一点也可以从图 4-8 中给出的反应能垒上反映出来。当然，在动力学的计算过程中，熵变也是一个不容忽视的因素，并且熵变的大小和分子结构密切相关。在图 4-9 中只是大致比较一下这些氢迁移反应的速率常数，因为前人研究中对不同理论方法中关于阻尼转动的处理是不尽相同的。

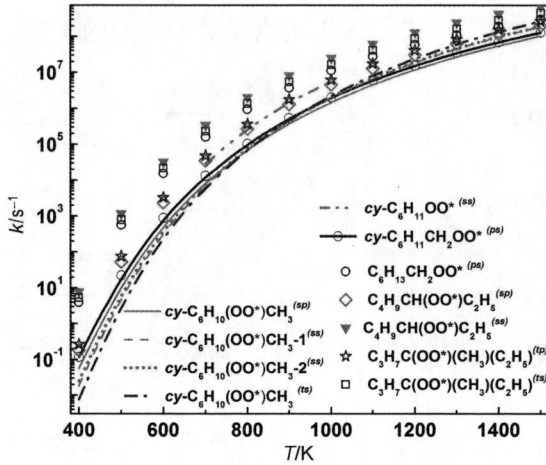

图 4-9 不同 RO_2 进行 1,5 氢迁移的高压极限速率常数的对比

注：这里的链烷烃过氧化自由基以及环己烷过氧化自由基的数据分别来自 Miyoshi 及 Cavallotti 等人，括号内的符号和图 4-8 中的符号有相同的含义。

对于 $C_6H_{13}CH_2OO*^{(ps)}$、$C_4H_9CH(OO*)C_2H_5^{(ss)}$ 和 $C_3H_7C(OO*)(CH_3)C_2H_5^{(ts)}$ 的氢迁移速率常数，三者大致相同；但是在 400～1000K 的范围内却比 $cy\text{-}C_6H_{10}(OO*)CH_3^{(ss)}\text{-}1$ 以及 $cy\text{-}C_6H_{10}(OO*)CH_3^{(ss)}\text{-}2$ 的速率常数高了 20～1000 倍。这一理论计算的结果对比表明，如果直接类比链烷烃过氧化自由基氢迁移速率常数到环烷烃体系上，将会引起较大的误差。

4.4.3　压力依赖效应

图 4-10 给出了以 $^t cy\text{-}C_6H_{10}(*)CH_3+O_2$ 为反应入口的不同通道的压力和温度依赖的速率常数计算结果，主要包括一些双分子产物的生成通道，譬如 P1″+HO₂、P2″+OH、P3″+OH、P4″+OH、P5″+OH、P6″+HO₂ 以及反应势阱（W1″，W2″，…）的形成等。这些速率常数是通过求解主方程的本征值方法得到的，使用的是 Klippenstein 等人开发的 MESS 软件。由于 QOOH 物种较浅的势阱，譬如对 W5″ 而言，W1″ 与 W5″ 之间的化学平衡将会是非常快的，与化学相关的本征值将会重叠到与碰撞弛豫相关的准连续区，从而很难得到表观速率常数。在发生重叠后，MESS 软件处理这一问题的策略是把这些物种看成一个集体，这也解释了在图 4-10 中看到有些物种速率常数的不连续性。为了更方便计算得到的速率常数在模型中的应用，另一种方法是选择一些重要的物种（如较深的势阱处），在合理的温度和压力范围内进行外推得到需要的条件下的速率常数。在 400～1100K 的温度

范围内，过氧化结合物 W1″ 的形成在高压下（≥1atm）将是主导的，也就是说其他的分解路径和中间体的形成将会很难和它竞争。在低温燃烧环境下，RO_2 的富集将会促进 RO_2 与其他 QOOH 物种之间的化学平衡。在低压下（≤0.1atm），W1″ 的形成速率常数随着温度的升高而下降，紧接着它的分解将会变得越来越重要，在温度高于 750K 及压力为 0.01atm 时，分解路径成为主导。HO_2 的消去反应在整个低温氧化反应机理中被认为是链终止反应。从图 4-10 可以看到，HO_2 的消去反应将会优先于其他分解路径（如 OH 的生成路径），由于其对应的是链终止过程，特别是在低压条件下，这一现象是和甲基环己烷较低的反应活性紧密相关的。QOOH 的形成有利于二次氧气加成反应的发生，从而引发链分支反应。通过 RO_2 的 1,5 氢迁移形成 W4″ 物种，相比其他的 QOOH，这一物种的生成是很占优势的。这一现象也再次证明了 1,5 氢迁移的重要性，这一点结论和前人关于链烷烃及环己烷的研究结论一致。

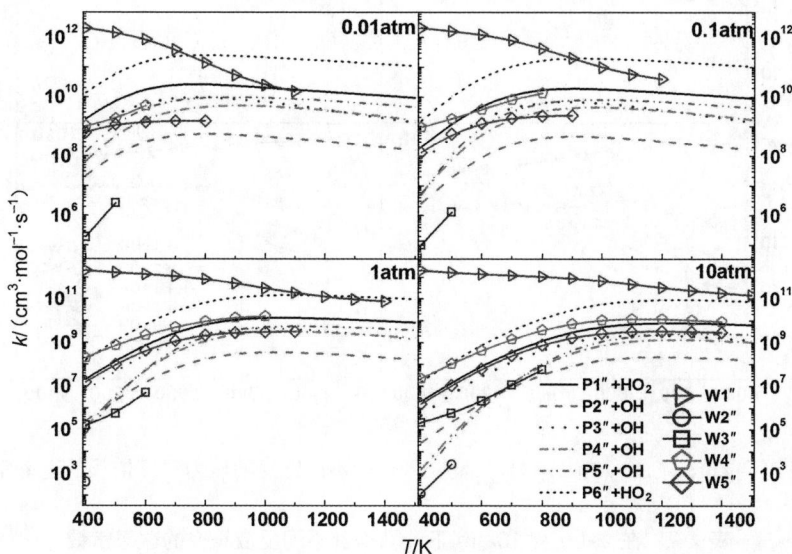

图 4-10　以 $^tcy\text{-}C_6H_{10}(*)CH_3+O_2$ 为反应入口的不同路径的压力温度依赖的速率常数

　　图 4-11 给出了以 $^scy\text{-}C_6H_{10}(*)CH_3+O_2$ 为反应入口的不同路径的压力和温度依赖的速率常数计算结果，主要包括一些双分子产物的生成通道，譬如 P1′ + HO_2、P2′ + OH、P3′ + OH、P4′ + OH、P5′ + OH、P6′ + HO_2 以及反应势阱（W1′，W2′，…）的形成等。从图中可以看出，它的整体趋势和图 4-10 给出的 $^tcy\text{-}C_6H_{10}(*)CH_3+O_2$

的反应一致。在 400～1400K 的范围内，高压条件下（≥1atm）W1′的生成反应是占主导的。正如图 4-7（b）所示，对于 ^scy-C_6H_{10}(*)CH_3 氧化，将会有更多不同的 QOOH 物种形成，如 W2′-W6′，这是由于发生氢迁移反应被提取的氢原子处于不同位点。在这些不同的 QOOH 形成中，在 400～800K 的范围内，相比其他的 QOOH 的生成以及后续的解离反应，W2′、W4′和 W6′的生成将会是主导的。这三个物种在低温下将会被大量生成，进而对甲基环己烷低温氧化反应活性起到至关重要的作用；但是随着温度的升高，HO_2 的消去反应将会变得越来越重要。为了更方便模型的使用，表 4-2 列出了计算的这两种典型自由基氧化反应路径的速率常数，这里给出的是阿伦尼乌斯形式的参数（即 $k = AT^n e^{-E_a/RT}$）。

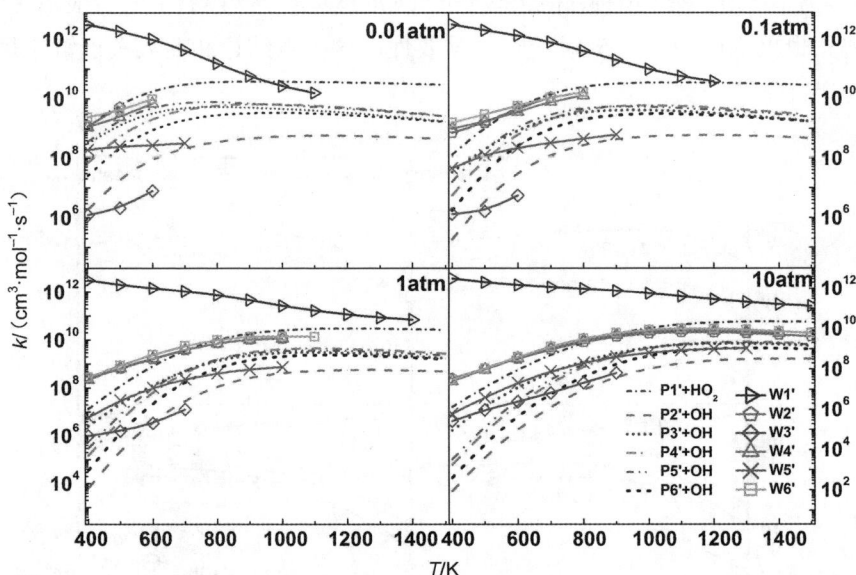

图 4-11　以 ^scy-C_6H_{10}(*)CH_3+O_2 为反应入口的不同路径的压力温度依赖的速率常数

表 4-2　在 1atm 及 10atm 下计算得到不同反应路径的速率常数

反应	A/ $(cm^3 \cdot mol^{-1} \cdot s^{-1})$	n	E_a/ $(cal \cdot mol^{-1})$	p/atm	T/K
^tcy-C_6H_{10}(*)CH_3+O_2═W1″	2.07×10^{33}	-6.85	5863	1	400～1400
	3.18×10^{28}	-5.23	4791	10	400～1500
^tcy-C_6H_{10}(*)CH_3+O_2═W2″	4.17×10^2	0.00	0	1	400
	2.07×10^{-13}	6.96	6110	10	400～500

续表

反应	$A/$ $(cm^3 \cdot mol^{-1} \cdot s^{-1})$	n	$E_a/$ $(cal \cdot mol^{-1})$	p/atm	T/K
$^t cy\text{-}C_6H_{10}^{(*)}CH_3+O_2 = W3''$	1.13×10^{-121}	41.72	−32225	1	400～600
	3.23×10^{-68}	24.24	−17893	10	400～800
$^t cy\text{-}C_6H_{10}^{(*)}CH_3+O_2 = W4''$	8.38×10^{9}	0.52	5505	1	400～1000
	4.13×10^{22}	−3.36	12239	10	400～1400
$^t cy\text{-}C_6H_{10}^{(*)}CH_3+O_2 = W5''$	8.87×10^{27}	−5.15	13595	2	400～1100
	3.56×10^{22}	−3.41	13994	10	400～1400
$^t cy\text{-}C_6H_{10}^{(*)}CH_3+O_2 = P1''+HO_2$	2.52×10^{36}	−7.49	17869	1	400～1500
	1.84×10^{22}	−3.20	14380	10	400～1500
$^t cy\text{-}C_6H_{10}^{(*)}CH_3+O_2 = P2''+OH$	8.59×10^{41}	−9.60	21551	1	400～1500
	5.55×10^{26}	−4.96	17737	10	400～1500
$^t cy\text{-}C_6H_{10}^{(*)}CH_3+O_2 = P3''+OH$	2.76×10^{43}	−9.80	20709	1	400～1500
	7.65×10^{29}	−5.65	17755	10	400～1500
$^t cy\text{-}C_6H_{10}^{(*)}CH_3+O_2 = P4''+OH$	3.50×10^{52}	−12.31	28486	1	400～1500
	6.23×10^{36}	−7.45	26573	10	400～1500
$^t cy\text{-}C_6H_{10}^{(*)}CH_3+O_2 = P5''+OH$	2.47×10^{54}	−12.69	30602	1	400～1500
	8.89×10^{34}	−6.73	27237	10	400～1500
$^t cy\text{-}C_6H_{10}^{(*)}CH_3+O_2 = P6''+HO_2$	8.39×10^{36}	−7.31	18077	1	400～1500
	1.06×10^{23}	−3.08	14653	10	400～1500
$^s cy\text{-}C_6H_{10}^{(*)}CH_3+O_2 = W1'$	8.02×10^{31}	−6.47	4739	1	400～1400
	9.50×10^{25}	−4.53	3208	10	400～1500
$^s cy\text{-}C_6H_{10}^{(*)}CH_3+O_2 = W2'$	4.48×10^{3}	2.35	2553	1	400～1000
	2.91×10^{21}	−3.18	10703	10	400～1500
$^s cy\text{-}C_6H_{10}^{(*)}CH_3+O_2 = W3'$	1.30×10^{-58}	20.96	−17082	1	400～700
	4.82×10^{-32}	12.65	−7053	10	400～900
$^s cy\text{-}C_6H_{10}^{(*)}CH_3+O_2 = W4'$	3.14×10^{8}	0.87	4479	1	400～1000
	2.25×10^{20}	−2.77	10815	10	400～1400
$^s cy\text{-}C_6H_{10}^{(*)}CH_3+O_2 = W5'$	3.17×10^{15}	−1.58	8454	1	400～1000
	9.01×10^{13}	−0.98	10434	10	400～1300
$^s cy\text{-}C_6H_{10}^{(*)}CH_3+O_2 = W6'$	1.95×10^{18}	−2.13	8010	1	400～1100
	2.16×10^{24}	−3.95	12407	10	400～1500

反应	$A/$ $(cm^3 \cdot mol^{-1} \cdot s^{-1})$	n	$E_a/$ $(cal \cdot mol^{-1})$	p/atm	T/K
$^{s}cy\text{-}C_6H_{10}^{(*)}CH_3+O_2$═P1′+HO$_2$	9.65×10^{32}	−6.26	17801	1	400~1500
	9.38×10^{19}	−2.30	14773	10	400~1500
$^{s}cy\text{-}C_6H_{10}^{(*)}CH_3+O_2$═P2′+OH	1.29×10^{43}	−9.59	26549	1	400~1500
	3.71×10^{28}	−5.10	24917	10	400~1500
$^{s}cy\text{-}C_6H_{10}^{(*)}CH_3+O_2$═P3′+OH	2.61×10^{37}	−7.96	19176	1	400~1500
	1.77×10^{29}	−5.39	19117	10	400~1500
$^{s}cy\text{-}C_6H_{10}^{(*)}CH_3+O_2$═P4′+OH	2.78×10^{50}	−11.61	27902	1	400~1500
	1.69×10^{36}	−7.20	26591	10	400~1500
$^{s}cy\text{-}C_6H_{10}^{(*)}CH_3+O_2$═P5′+OH	6.99×10^{49}	−11.51	26617	1	400~1500
	4.16×10^{38}	−7.97	26705	10	400~1500
$^{s}cy\text{-}C_6H_{10}^{(*)}CH_3+O_2$═P6′+OH	1.45×10^{50}	11.55	28824	1	400~1500
	5.85×10^{32}	−6.21	26165	10	400~1500

4.4.4 不同反应路径的竞争关系

对于这些不同的反应路径，如链分支、链增值及链终止等，它们之间的竞争关系将会直接影响到整个低温氧化反应活性，故对这些不同的反应路径的分支比进行了对比。图 4-12 和图 4-13 分别给了这两种典型的甲基环己烷自由基氧化的不同路径的分支比。图中 QOOH 的生成指的是所有 QOOH 的生成的总和，OH 通道指的是所有解离生成 OH 的反应路径的总和，HO$_2$ 通道指的是所有解离生成 HO$_2$ 的反应路径的总和。QOOH 的生成将会经历二次加氧反应，从而对链分支有一定的贡献，故这一分支比代表着链分支的大小。图 4-12 表明对于 $^{t}cy\text{-}C_6H_{10}^{(*)}CH_3$ 氧化体系，QOOH 的生成以及 OH 的生成通道对温度依赖性不大。由于 HO$_2$ 相比 OH 是相对不活泼的，因此 HO$_2$ 通道代表的即是链终止的分支大小。很明显可以看出，对于 $^{t}cy\text{-}C_6H_{10}^{(*)}CH_3$ 氧化体系，链终止反应在高温和低压（小于 1atm）时为主导；另外，OH 通道主要控制着链增值，在整个研究的温区和压力条件下，链增值反应的分支都是小于 0.1 的。过氧化自由基 RO$_2$ 的生成呈现出负温度效应，并且和 HO$_2$ 通道相竞争。随着压力的升高，将会有足够的碰撞发生，从而 RO$_2$ 生成变得越来越重要。图 4-13 给出了 $^{s}cy\text{-}C_6H_{10}^{(*)}CH_3$ 自由基氧化体系不同反应通道的分支比，它与图 4-12 的分支比整体趋势是大概一致的。在低温和高压下，RO$_2$

的生成是主导的，但随着温度的升高，HO_2 通道将变得越来越有竞争。和 ^{t}cy-C_6H_{10}(*)CH_3 自由基氧化不一样的是，当温度高于 900K 以及压力低于 1atm 的时候，可以观察到来自 OH 通道的贡献，但这一链增值的竞争关系仍是比较弱的，并不能和链终止相提并论。

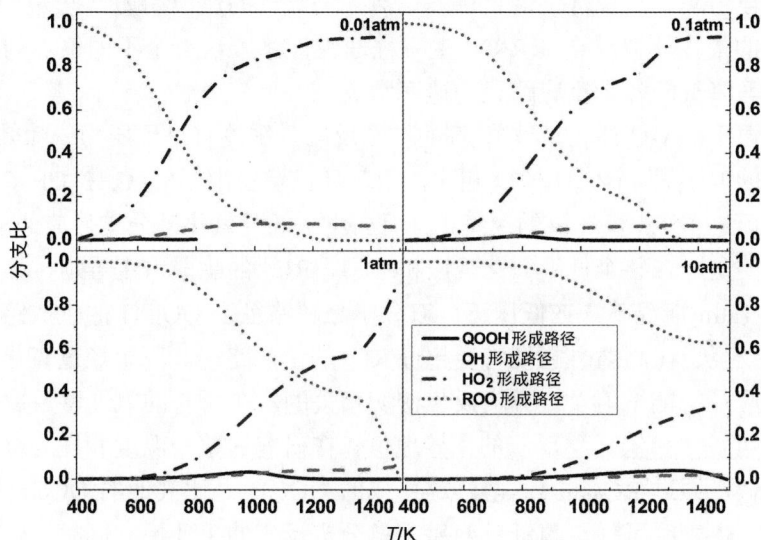

图 4-12 以 ^{t}cy-C_6H_{10}(*)CH_3+O_2 为反应入口的不同路径的分支比

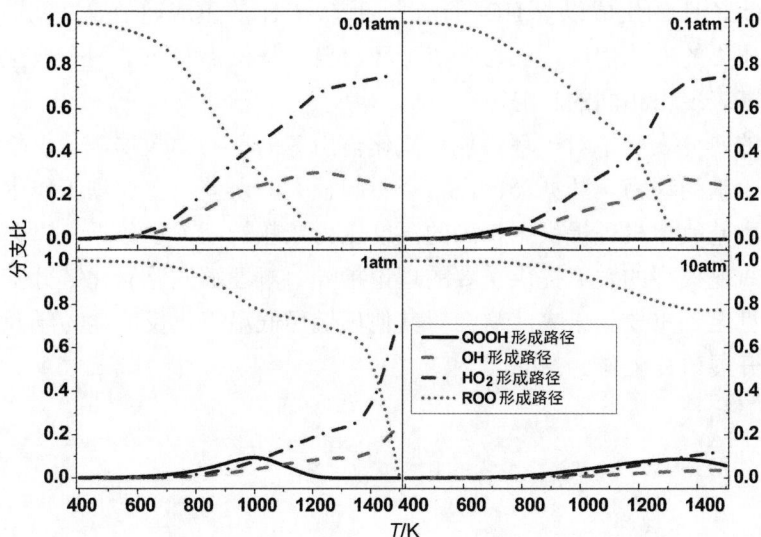

图 4-13 以 ^{s}cy-C_6H_{10}(*)CH_3+O_2 为反应入口的不同路径的分支比

4.5 小 结

在本章中，利用微正则变分过渡态理论进行了甲基环己烷不同位点的自由基（侧链上自由基位点及环上的自由基位点）与氧气的反应动力学探究。同时，利用高精度的量化计算结合 RRKM/主方程理论计算了这三个不同位点的甲基环己烷自由基与氧气的各个反应路径的速率常数。

在低温下，cy-$C_6H_{11}CH_2$ 与氧气的结合反应几乎没有呈现压力依赖效应。与环己烷对应的 RO_2 即 cy-$C_6H_{11}OO$ 相比，甲基环己烷自由基 cy-$C_6H_{11}CH_2OO$ 由于甲基的出现促进了 1,5 氢迁移的速率，进而加快了低温氧化链分支反应通道的速率。值得注意的是，在整个低温氧化反应机理中，RO_2 的生成占主导地位，特别是在压力高于 1atm 情况下。在低压下，双分子分解路径及 QOOH 的生成路径越来越有竞争，以至于在高温时它们将会超过 RO_2 的生成路径。环烷烃过氧化自由基的氢迁移反应是与链增值及链分支反应密切相关的，在所有的氢迁移反应中，计算的结果表明了 1,5 氢迁移反应的主导地位。在研究的整个温度和压力范围下，和链烷烃类似，通过 RO_2 的 1,5 氢迁移生成的 QOOH 是比其他的 QOOH 的生成具有优势的，也表明了 1,5 氢迁移对整个链分支反应的重要性。同时比较了链烷烃与环烷烃对应的过氧化自由基发生 1,5 氢迁移反应能垒的大小。定量给出了 RO_2 的生成、QOOH 的生成以及 HO_2 的消去通道、OH 的生成通道等之间的竞争关系随着温度压力的变化情况，在这一点上环上自由基位点对应的两个典型的甲基环己烷自由基表现出相同的趋势。

本章的研究表明了对于环烷烃过氧化自由基的动力学数据，若仅使用链烷烃过氧化自由基的动力学数据类比，将会引起较大的误差。在这项工作中，为甲基环己烷自由基氧化机理提供了精确的温度压力依赖的动力学数据，将会对未来甲基环己烷氧化模型的发展提供重要的理论指导，对理解低温氧化链分支及低温氧化反应活性至关重要。未来，将会对其他环烷烃低温氧化反应动力学及探索速率规则继续开展研究工作。

第 5 章 典型羰基氢过氧化物中间体的单分子解离反应动力学

5.1 引　言

由于具有较高的十六烷值、较低的粉尘和氮氧化物的释放，故二甲醚（简写作 DME）成为一类优异的可替代燃料。然而由于其较高的氧化活性（即使是在较低温度下），故在输运和存储过程中 DME 的泄露将会引起火灾事故。DME 作为一种可替代燃料，可谓是有利有弊，所以对发动机设计研究者来说，有必要研究清楚 DME 的低温氧化反应机理。前人已经有大量相关的研究，包括实验探究、理论计算以及动力学模型等。Curran 等人提出了 DME 的低温氧化反应路径，即从 DME 母体分子出发：$CH_3OCH_2{}^*+O_2 \longrightarrow CH_3OCH_2OO^* \longrightarrow {}^*CH_2OCH_2OOH$；再经历二次加氧 ${}^*CH_2OCH_2OOH+O_2 \longrightarrow {}^*OOCH_2OCH_2OOH \longrightarrow OH+HOOCH_2OCHO$（该氢过氧化物简写作 HPMF）。对于 HPMF 后续分解路径，模型中大多数采用的是 HPMF 直接解离反应，即

$$HOOCH_2OCHO(HPMF) = OCH_2OCHO + OH \qquad (R5-1)$$

这里反应 R5-1 是 DME 低温氧化反应机理中最重要的反应之一。Burke 等人的研究中给出了 DME 点火延迟时间的灵敏性分析，也表明了这一反应的重要性，HPMF 主要是通过 R5-1 这一分解路径导致了链分支效应。Tomlin 等人对三个 DME 的低温氧化机理进行了全局不确定性分析，分别是 Metcalfe 机理、Zheng 机理、Liu 机理等，结果表明了反应 R5-1 及其与 R5-1 相互竞争的反应将会影响着整个 DME 模型的不确定性大小。然而，截至目前关于 HPMF 单分子解离的研究却是比较少的，仅有少数的如 Andersen 及 Carter 等人的研究，他们采用 B3LYP 方法研究了 HPMF 单分子解离路径，并且提出了另外的分解路径如 R5-2a 及 R5-2b，认为这两个反应在 600K 时将会比 R5-1 更重要。值得一提的是，Criegee 中间体是燃烧化学中一类较重要的中间体，即是 R5-2b 中生成的双自由基 CH_2OO，Taatjes 等人的研究中关于 CH_2OO 与醛酮类的反应证明了这一 Criegee 中间体在低温低压

下有希望成为酸类物质的来源。

$$HPMF = HCOOHCH_2OO \qquad (R5\text{-}2a)$$

$$HCOOH\ldots CH_2OO = CH_2OO + HCOOH \qquad (R5\text{-}2b)$$

除了 Andersen 等人的理论计算研究之外，关于 HPMF 的研究几乎是没有的。有一个相似的物种叫作 γ-ketohydroperoxide（分子式为 HOOCH$_2$CH$_2$CHO，简称 KHP)，这是在丙烷低温氧化过程中形成的，Jalan 等人对其反应机理进行了探究。关于 KHP 的 Korcek 分解机理，即首先形成一个环状中间体，之后进行分解，这一理论计算也得到了实验的验证。鉴于 KHP 与 HPMF 分子结构有一定的相似性，这一点激发我们去探索 HPMF 新的反应路径。在这项工作中，通过高精度的量子化学计算手段去探究了 HPMF 单分子解离反应路径，同时利用微正则变分过渡态理论结合 RRKM/主方程计算了表观速率常数。还进行了电荷分析及自然键级分析，从化学本质上去比较了 KHP 及 HPMF 不同电负性的影响。得到的计算结果对未来 DME 低温氧化反应模型的发展提供了动力学数据和理论支持，有助于理解 DME 低温氧化反应活性。

5.2　理论计算方法

为了对所有可能存在的反应路径进行探究，首先对所有可能的反应路径上的结构进行优化和频率分析，采用的方法是 B3LYP/6-311++G(d,p)。单点能的计算采用的是二次组态相互作用 QCISD(T) 和 MP2 二阶微扰理论方法相结合的方法，然后将能量外推到完全基组极限，这个组合方法已经在前人的研究中被证明了具有较高的性价比，即在保证计算精度的同时可以节约计算成本。对于无势垒反应过程 R5-1，往往需要多参考态计算方法。前人大量关于碳氢燃料的研究表明，完全活化空间自洽场二阶微扰理论（CASPT2）方法结合 cc-pVDZ 基组对于无势垒反应的计算有着较优异的表现。所以在这项工作中，采用 CASPT2/cc-pVDZ 这种方法构建了无势垒解离反应的势能曲线。活化空间选作 CAS(2e,2o)，它表示的活化空间包含 2 个电子、2 个轨道，这里具体包含的是即将断裂键对应的σ轨道和σ*反键轨道(2e,2o)。在用此方法扫描得到解离曲线后，需要将曲线上每个点的能量进行高精度的校正，这里采用的是 QCISD(T)/CBS 外推得到解离能作为基准。对一些重要物种的 Hirshfeld 电荷分析采用的是 B3LYP/6-311++G(d,p)方法，Hirshfeld 电荷分析已经在前人的研究中表明了它的精确性以及对计算方法基组的弱依赖性。所有的 DFT、QCISD(T)、MP2 的计算都是利用 Gaussian09 程序完成的，所有的 CASPT2 的计算都是利用 Molpro 程序包完成的。

对于无势垒的反应通道，在这项研究中采用的是微正则变分过渡态理论。考虑到计算成本与计算效率两者之间的平衡，正则或微正则变分过渡态理论被广泛应用到此类无势垒反应中，特别是对于较大的碳氢燃料分子。关于微正则变分过渡态理论，变分过渡态的态数目是沿着最小能量路径关于能量及其位置的函数。对于其他存在反应能垒的通道，速率常数的计算是通过 RRKM/主方程，同时考虑了 Eckart 隧穿效应校正得到的。大部分的振动模式被当成谐振子近似处理。对于一些对应于内转动的低频振动模式，被处理成一维阻尼转子，其中阻尼势函数的扫描方法是 B3LYP/6-311 ++ G(d,p)。碰撞能量转移模型采用的是应用广泛的单参数温度依赖指数下降模型，即 $<\Delta E>_{down} = 150(T/300K)^{0.85}$。RRKM/主方程的计算条件分别是：温度范围为 400～1500K，压力为 0.01atm、0.1atm、1atm、10atm、100atm；浴气采用的是氩气，反应物分子与浴气之间的相互作用采用的是 Lennard–Jones 模型。根据经验方程，首先计算出 L-J 碰撞参数，对 HPMF：σ=5.227Å，ε= 463.5cm^{-1}。本章中的动力学计算是通过 MESS 软件实现的。

5.3　结果与讨论

5.3.1　反应路径的计算

HPMF 的单分子解离反应有很多可能存在的途经，如表 5-1 所示。

表 5-1　HPMF 的单分子解离反应路径

反应途径	反应路径	过渡态序号	反应序号
Channel 1	HPMF⟶OCH$_2$OCHO+OH		R5-1
Channel 2	HPMF⟶CH$_2$OO+HCOOH		R5-2
	HPMF=INT2	TS2	R5-3
	INT2⟶CH$_2$OO+HCOOH		R5-4
Channel 3	HPMF=INT2	TS2	R5-3
	INT2⟶2HCOOH	TS3	R5-5
Channel 4	HPMF=INT2	TS2	R5-3
	INT2⟶CH$_2$O+HOC(=O)OH	TS4	R5-6

续表

反应途径	反应路径	过渡态序号	反应序号
Channel 5	HPMF——→HCOOH+OH+CHO	TS5	R5-7
Channel 6	HPMF——→CH(=O)OCH(=O)+H$_2$O	TS6	R5-8
Channel 7	HPMF——→CH(=O)OOH+CH$_2$O	TS7	R5-9

在表 5-1 中，Channel 1 代表的是 R5-1；Channel 2 代表的是 CH2OO 和 HCOOH 的生成路径，包括了 R5-2、R5-3 及 R5-4；Channel 3 代表的是 R5-3 +R5-5；Channel 4 代表的是 R5-3+R5-6；Channel 5、6、7 分别代表的是 R5-7、R5-8、R5-9。在这项工作中，结构的优化及振动分析是在 B3LYP/6-311++G(d,p)水平上进行的。此外图 5-1 还给出了 QCISD(T)/CBS 基础上计算得到的 HPMF 单分子解离反应的势能面图。表 5-2 中列出了在 298K 下两个重要解离反应的焓值，这里用了三种不同的计算方法，将其结果进行了对比分析。QCISD(T)/CBS 的计算结果和 NIST 化学数据库上给出的结果吻合较好，这也间接地反映了采用的这种完全基组外推方法的合理性。

表 5-2　不同计算方法得到的 298K 下两个解离反应的焓值　　　单位：kcal·mol^{-1}

反应	NIST	QCISD(T)/CBS	CBS-QB3	G3B3
HPMF——→OH+OCH$_2$OCHO	43.22	44.19	45.54	41.57
HPMF——→CH$_2$OO+HCOOH	45.31	45.78	44.84	47.78

HPMF 分子中 O—O 键的断裂将导致两个分子片段 OH 及 OCH$_2$OCHO 的形成，并且这一过程是不存在过渡态的，沿着反应坐标进行扫描可以得到它的解离图示，如图 5-2 所示。从图中可以看出，它的解离能是 41.64kcal·mol^{-1}。前人的研究中提到过关于 CH$_3$CH$_2$OOH 及 CH$_3$OOH 中 O—O 的解离能分别是（41.6±1）及（42.6±1）kcal·mol^{-1}，增加链长即添加—CH$_2$—基团个数并不会对其中的 O—O 键的解离能影响很大。在丙烷的低温氧化反应过程中较重要的 KHP 分子（HOOCH$_2$CH$_2$CHO）对应 O—O 键的解离能约为 49.5kcal·mol^{-1}，这一能量比 HPMF 高了很多。我们知道，由电子组成的电子云是带负电的，对于相邻的电子云，它通常存在排斥电势，并且这种排斥的电势将会推送电子云到更远的距离。一般来说，这种来自孤对电子的排斥电势是大于来自成键电子对的排斥电势。再者，通常负电荷的孤对电子是局限在一个单一的原子上，所以偶极矩容易受到更大及更负的带电基团的布居影响。故 HPMF 及 KHP 中 O—O 键的解离能的区别

即来源于—CH$_2$—基团附近氧原子孤对电子的影响。为了更清晰地对比，还对 KHP 及 HPMF 两个分子进行了电子效应的影响分析，譬如电荷分布情况的对比等。

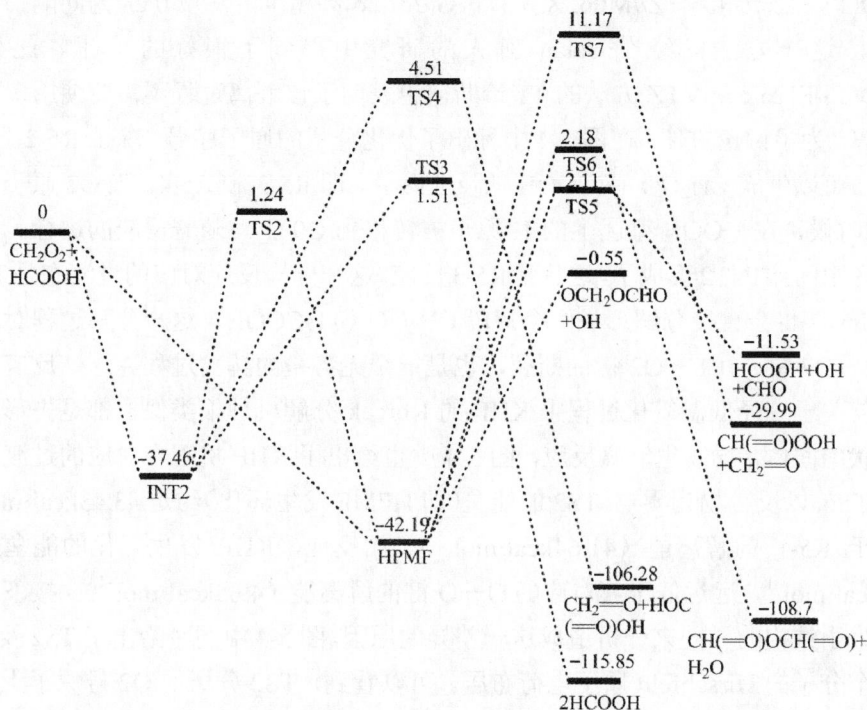

图 5-1　HPMF 单分子解离反应路径势能面图

注：能量采用的计算方法是 QCISD(T)/CBS//B3LYP/6-311++G(d,p)，且单位是 kcal·mol^{-1}。

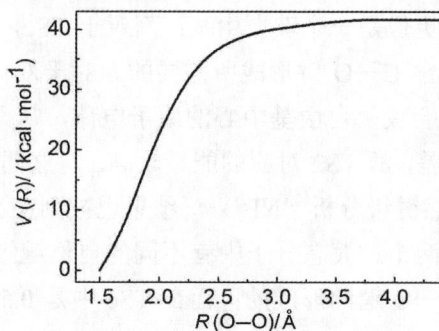

图 5-2　反应 R5-1 的解离曲线

注：扫描方法是利用 CASPT2(2,2)/cc-pVTZ 且曲线上的点是经过 QCISD(T)/CBS 方法
得到的解离能校正之后的数值。

反应 R5-2 主要包括—OOH 基团上 H 原子的迁移同时 C6—O7 键的断裂，这一过程是无势垒的过程。图 5-3 给出了这一反应对应的解离曲线，是利用 CCSD(T)-F12a/cc-pVTZ//M062X/6-311+G(2df,2p)高精度方法以 0.2Å 为间隔扫描得到的，这一方法已经在 Jalan 等人的研究中得到了很好的验证。此外，CCSD(T)-F12a/cc-pVTZ 方法的 T1 诊断值也表明了该解离过程不需要使用多参考态计算。为了讨论方便，在图 5-4 中标出了优化分子的原子序号。除了 R5-2 之外，还存在可以生成 CH_2OO +HCOOH 的反应路径，即 R5-3 和 R5-4。当 O2 原子接近 C8 的时候，在—OOH 基团上的 H 原子被转移到 O9 上。随着反应的进行，一个五元环中间体 INT2 形成了，这就是 R5-3 反应。这一异构反应对应的过渡态是 TS2，之后 INT2 将会直接分解形成两个片段 CH_2OO 和 HCOOH。这一分解过程对应的是 C6—O7 键及 C8—O2 键的断裂，也是一个无势垒的解离过程。这一反应机理和之前关于烷烃低温氧化过程中 KHP 的 Korcek 分解机理很类似，都是先形成一个环状中间体，再发生解离反应，图 5-4 中也给出了 KHP 机理中对应的过渡态结构即 TSc。以反应物为零点，TS2 的能垒（即 HPMF 发生环化）约是 43.43kcal·mol^{-1}，略高于 R5-1 的解离能（41.64kcal·mol^{-1}）。相反地，KHP 发生环化的能垒约是 34.7kcal·mol^{-1}，远远低于其对应的 O—O 键的解离能（49.5kcal·mol^{-1}）。接下来从两个分子结构的异同来分析造成这一差异的原因。图 5-4 中同时给出了 TS2 及 TSc 这两个分子的 Hirschfeld 原子电荷布居。可以看到，TS2 分子的 O2 号原子上，负电荷布居约是 TSc 的 O2 号原子上的 2 倍。随着 H 原子的迁移，共轭效应将会被打破。然而对于 TS2 和 TSc 两个分子，在 C8—O2 键的电荷布居有很大的差异。对于 TS2，被分布到 C8 和 O2 原子上的电荷是远远超过正常 C—O 键形成所需要的，结果导致这一结构更像是一个双自由基；而对于 TSc，被分布到 C8 和 O2 原子上的电荷是接近于正常 C—O 键形成所需要的。对于双自由基或者类似于双自由基的分子结构，它将会吸引自由基中心的原子电荷，从而导致更强的电荷局域化，以致分子稳定性变差，故 TS2 对应的能量较高。对这四个分子（HPMF、TS2、KHP、TSc）进行了自然键级分析（NBO），结果也被列在了图 5-4 中。可以看到新形成的 C8—O2 键在两个过渡态分子中有不同的自然键级，在 TS2 中是 0.3140，表明它还是远离正常 C—O 键的形成的；而在 TSc 中是 0.5124，表明它几乎接近正常 C—O 键的形成。在 TS2 中相对较长的 C—O 键再次给出了 TS2 的结构更像是一个双自由基的结论，故它具有较高的能量。通过上面的分析，解释了 HPMF 的环化能垒比 KHP 的环化能垒高 8.73kcal·mol^{-1}的原因。

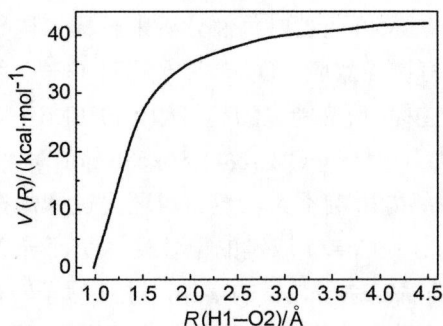

图 5-3　反应 R5-2 的解离曲线

注：扫描方法是 UCCSD(T)-F12a/cc-pVTZ//M062X/6-311+G(2df,2p)且曲线上的点是
经过 QCISD(T)/CBS 方法得到的解离能的校正之后的数值。

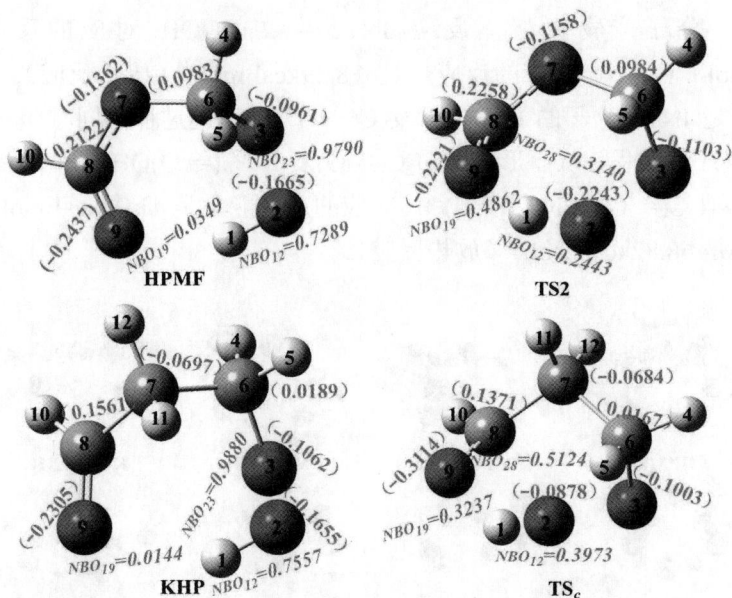

图 5-4　HPMF、TS2、KHP 及 TS$_c$ 的 Hirschfeld 电荷布居

为了更清晰地了解 O 原子替代—CH$_2$ 基团后电子效应的影响，进行了更深入的计算探索。对 HPMF 及 KHP 分子添加—CH$_2$ 基团，所有研究的分子结构如图 5-5 所示。为了便于讨论，将 HOOCH$_2$CH$_2$OCHO、HOOCH$_2$OCH$_2$CHO、HOOCH$_2$CH$_2$CH$_2$CHO 分别简称为 HPMF—CH$_2$-a、HPMF—CH$_2$-b、KHP—CH$_2$。图 5-6～图 5-8 分别给出了这三个物质的单分子解离反应势能面图，计算方法都为 CCSD(T)-F12a/cc-pVTZ//M062X/6-311+G(2df,2p)。对于三个与 HPMF 相关的物质的 O—O 键的解离能大小排序，为 HPMF—CH$_2$-a(50.00kcal·mol^{-1})>HPMF—CH$_2$-b(47.00kcal·mol^{-1})>HPMF

（41.64kcal·mol^{-1}），这一现象可通过电负性分析来解释。诱导效应的大小是与距离相关的。不仅仅羰基具有诱导效应，O7 号原子也对 O—O 键有一定的影响作用。对于存在过渡态的环化过程，反应能垒的趋势如下：HPMF—CH$_2$-a (47.50kcal·mol^{-1}) >HPMF(43.40kcal·mol^{-1})>HPMF—CH$_2$-b(41.86kcal·mol^{-1})。关于 KHP，添加—CH$_2$ 基团后对 O—O 键的解离能影响不大，然而对环化过程却有很大的影响。这是由于添加的—CH$_2$ 基团削弱了 C═O 双键的电负性，从而导致了 KHP—CH$_2$ 较高的环化反应能垒。再者，随着链原子数目的增加，对 H 原子转移及环化过程的过渡态而言，更像是一个双自由基，从而引起更强的电荷局域化及不稳定性。正如图 5-1 中所示，对于 INT2，还有另外两条路径 R5-5 和 R5-6。反应 R5-5 指的是 O2—O3 及 C8—O7 的断键过程，同时伴随着 C6 到 O3 的 1,2-氢迁移过程，从而形成了两个 HCOOH 分子产物。整体反应 INT2─→2HCOOH 对应的反应能垒是 38.97kcal·mol^{-1} (TS3)，对应的反应热是 78.39kcal·mol^{-1}（放热反应）。对于反应 R5-6，指的是 INT2 分子的 O2—O3 及 C6—O7 的断键过程，同时伴随着 C8 到 O7 的 1,2-氢迁移过程，从而形成了 H$_2$C(═O)及 HOC(═O)OH 两个产物，这一反应 INT2─→H$_2$C(═O) +HOC(═O)OH 对应的反应能垒是 41.97kcal·mol^{-1}（TS4），以及反应热是 68.82kcal·mol^{-1}（放热反应）。

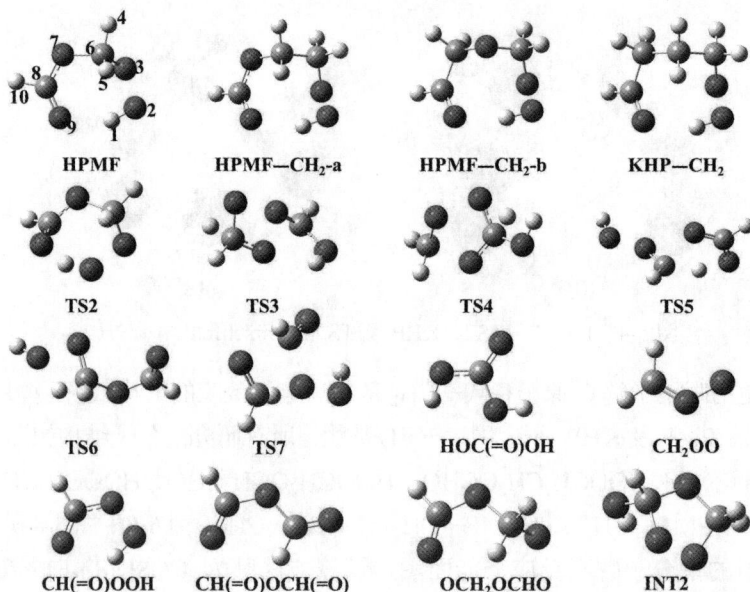

图 5-5　B3LYP/6-311++G(d,p)优化得到的主要反应物、过渡态及产物的结构

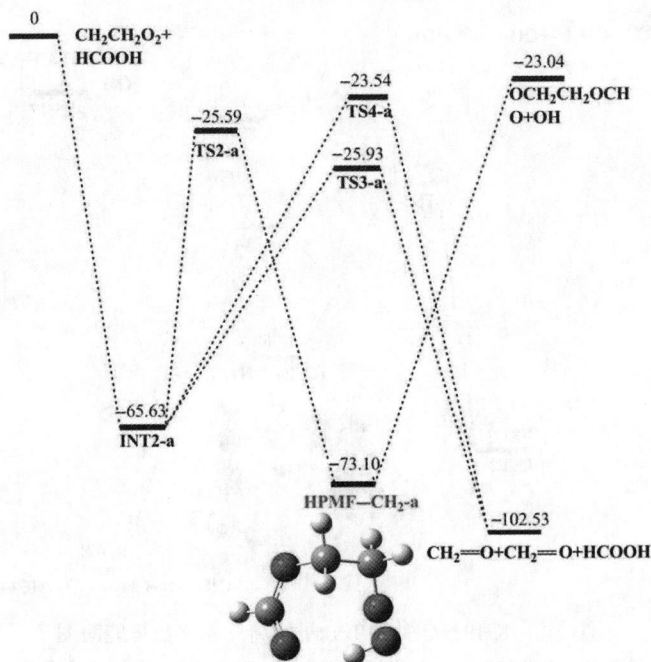

图 5-6　HPMF—CH$_2$-a 的单分子解离反应路径势能面图

注：计算方法是 CCSD(T)-F12a/cc-pVTZ//M062X/6-311+G(2df,2p)，图上能量单位是 kcal·mol^{-1}。

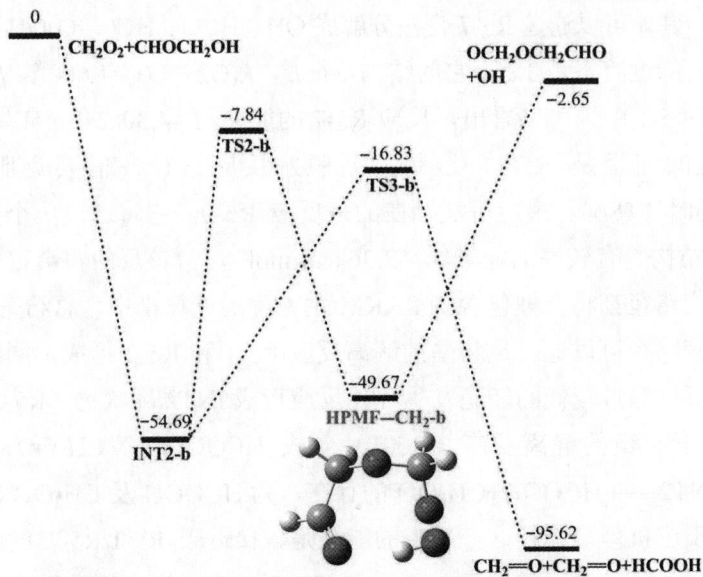

图 5-7　HPMF—CH$_2$-b 的单分子解离反应路径势能面图

注：计算方法是 CCSD(T)-F12a/cc-pVTZ//M062X/6-311+G(2df,2p)，图上能量单位是 kcal·mol^{-1}。

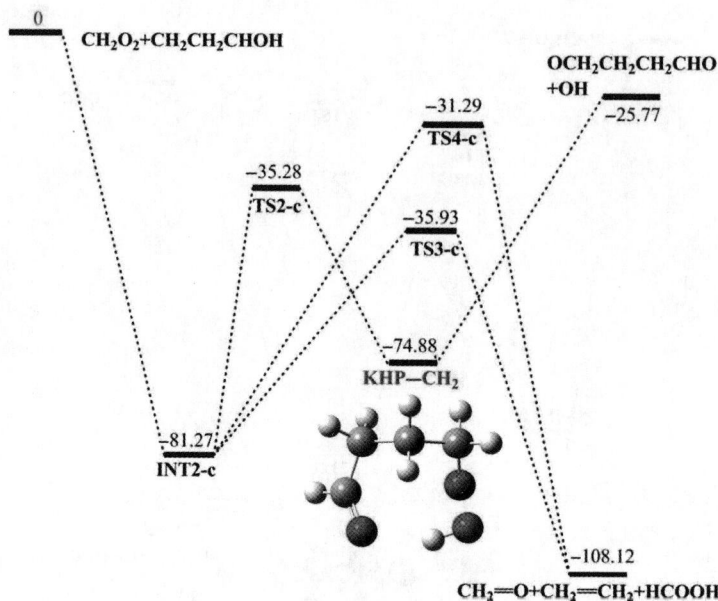

图 5-8　KHP—CH$_2$ 的单分子解离反应路径势能面图

注：计算方法是 CCSD(T)-F12a/cc-pVTZ//M062X/6-311+G(2df,2p)，图上能量单位是 kcal·mol^{-1}。

除了上面提到的主要反应路径之外，对 HPMF 的单分子解离而言，还存在其他反应路径，譬如可以通过 R5-7 直接分解成 OH、HCO、HC(═O)OH 三个分子产物。R5-7 对应的过渡态是 TS5，它的结构特征是：R(O2—O3)=1.600Å，R(C6—O7)=2.066Å。从图 5-1 中也可以看出，反应 R5-7 的能垒约 44.30kcal·mol^{-1}。另外一条 HPMF 分解的路径是 R5-8，这是一条脱水反应路径，需要克服的能垒是 44.37kcal·mol^{-1}（TS6）。最后可能存在的是反应 R5-9，它将通过一个四元环过渡态 TS7，该结构具有较高的能量约 53.36kcal·mol^{-1}，故该反应将会很弱。以上讨论的所有反应路径都将会被包含到 RRKM/主方程的计算当中。总结来看，HPMF 的单分子反应路径可以通过无势垒的解离反应 R5-1 和 R5-2 形成不同的双分子解离产物，也可以通过较低的能垒发生环化反应形成 INT2 环状物（R5-3），随后的环状物发生下一步的解离反应（R5-4）形成 HCOOH 和 CH$_2$OO。这一反应 HPMF——INT2——HCOOH+CH$_2$OO 的存在，为 HCOOH 及 CH$_2$OO 的形成提供了一个新的反应机理，并且这一反应的能垒是较接近于 R5-1/R5-2 的解离能。尽管 R5-1 和 R5-2 由于是无势垒反应过程，熵变对动力学数据影响较大，但此处提出的这个反应机理对动力学的影响也是不容忽略的，接下来的动力学计算将会详细介绍这一点，多个反应路径之间的竞争也将会给出讨论。

5.3.2 反应速率常数

上面已经提到，对于 HPMF 的单分子解离反应共存在 9 条反应路径（从 R5-1 至 R5-9）。接下来对这 9 个反应进行 RRKM/主方程的动力学计算，温度范围是 400～1300K，压力范围是 0.01～10atm，从而求解温度和压力依赖的速率常数。图 5-9 给出了压力、温度依赖的速率常数的计算结果。$k_1 \sim k_7$ 分别代表 channel 1～7 的速率常数，在 10atm 下，速率常数的大小顺序是：$k_2 > k_1 > k_6 > k_5 > k_3 > k_4 > k_7$；在这 7 条路径中，channel 1 和 channel 2 很明显是优先于其他路径的，因为这两条路径有较低的解离能以及较松散的过渡态。为了便于模型上使用这些动力学数据，列出了不同温度和压力条件下这些路径的速率常数结果，如表 5-3 所示。此外，对于主要路径 channel 1 和

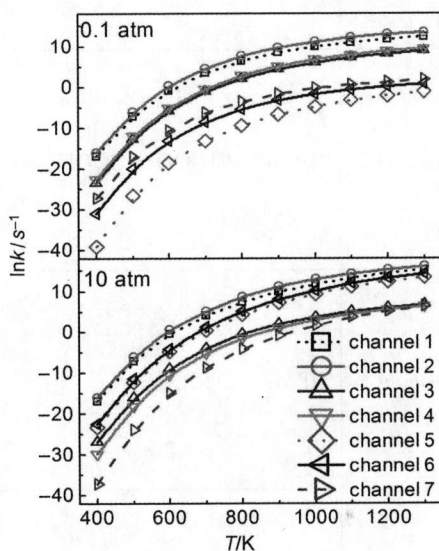

图 5-9　计算得到的不同反应路径的速率常数

channel 2，图 5-10 和图 5-11 还分别给出了 3D 图示的速率常数结果。不同路径的竞争关系，将会对 HPMF 的分解机理有着重要的意义，故给出了不同路径的分支比，如图 5-12 所示。Channel 1 即对应的 R5-1 是一个无势垒的过程，变分过渡态的原则就是在反应路径上寻找最大化吉布斯自由基；故随着温度的升高，熵的影响对速率常数的结果将会变得很重要，故 k_1 相比 $k_3 \sim k_6$ 是很有竞争力的。从图中还可以很明显地看出，k_2 的竞争是大于 k_1 的。另外，计算得到的 k_1 与 k_2 之间的竞争关系是不同于 Andersen 等人的研究结果的，这是对变分路径的处理方式的不同引起的，此处采用了更为精确的微正则变分过渡态理论。在 600K 时，Andersen 等人预测的 $CH_2OO + HCOOH$ 的生成速率常数约是 $OH + OCH_2OCHO$ 的 10 倍，而此处的计算结果仅有三倍之差，这个新的计算结果将会对未来 DME 低温氧化反应活性的预测带来影响。

表 5-3　不同压力下的速率常数计算结果，$k=AT^n\exp(-E/RT)$

反应途径	反应	A/s^{-1}	n	$E/(cal\cdot mol^{-1})$	p/atm
Channel 1	HPMF=OH+OCH$_2$OCHO	5.77E+20	−2.15	41289	HPL
		8.66E+58	−14.66	51663	0.01
		2.88E+54	−12.98	51439	0.10
		1.79E+45	−9.91	49186	1.00
		2.54E+36	−7.04	46743	10.0
Channel 2	HPMF=CH$_2$OO+HCOOH	1.57E+34	−6.15	46128	HPL
		1.73E+61	−15.19	52637	0.01
		5.95E+55	−13.21	51978	0.10
		1.70E+48	−10.64	50416	1.00
		1.52E+43	−8.96	49222	10.0
Channel 3	HPMF=2HCOOH	4.51E+15	−1.24	44070	HPL
		4.76E+65	−18.30	55738	0.01
		4.96E+64	−17.46	56973	0.10
		2.85E+59	−15.38	57022	1.00
		1.46E+50	−12.17	55289	10.0
Channel 4	HPMF=CH$_2$O+HOC(=O)OH	4.49E+20	−2.62	48936	HPL
		1.86E+55	−15.14	55726	0.01
		6.37E+59	−15.96	58058	0.10
		5.38E+59	−15.41	59806	1.00
		3.14E+53	−13.10	59280	10.0
Channel 5	HPMF=HCOOH+OH+CHO 低压极限	2.30E+13	0.21	44007	HPL
		3.99E+58	−15.02	54806	0.01
		1.09E+56	−13.75	55792	0.10
		4.15E+46	−10.45	54245	1.00
		3.29E+35	−6.75	51535	10.0
Channel 6	HPMF=CH(=O)OCH(=O)+H$_2$O	1.10E+11	1.03	42969	HPL
		2.71E+56	−14.29	53502	0.01
		1.45E+54	−13.10	54791	0.10
		5.67E+44	−9.79	53277	1.00
		2.10E+34	−6.29	50850	10.0

续表

反应途径	反应	A/s^{-1}	n	$E/(cal\cdot mol^{-1})$	p/atm
		3.33E+15	−0.78	54293	HPL
		9.58E+48	−13.32	60721	0.01
Channel 7	HPMF=CH(=O)OOH+CH₂O	1.24E+55	−14.44	63220	0.10
		2.43E+52	−12.89	64444	1.00
		1.48E+44	−9.87	63624	10.0

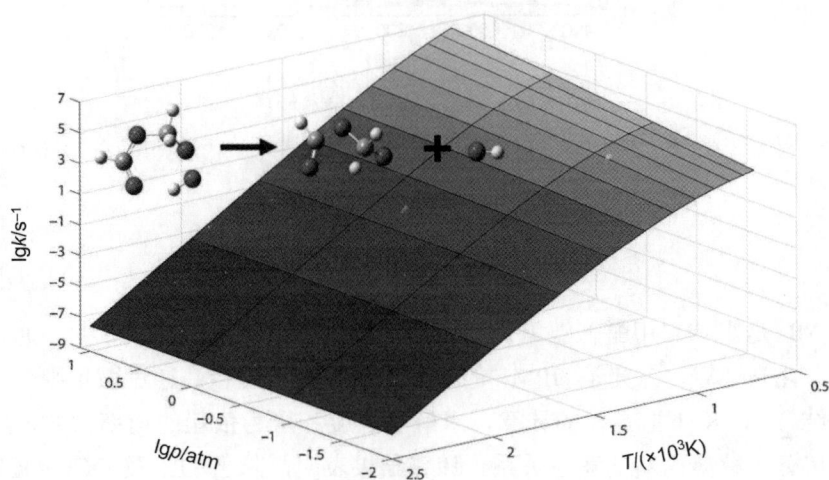

图 5-10　Channel 1 的温度和压力依赖的速率常数

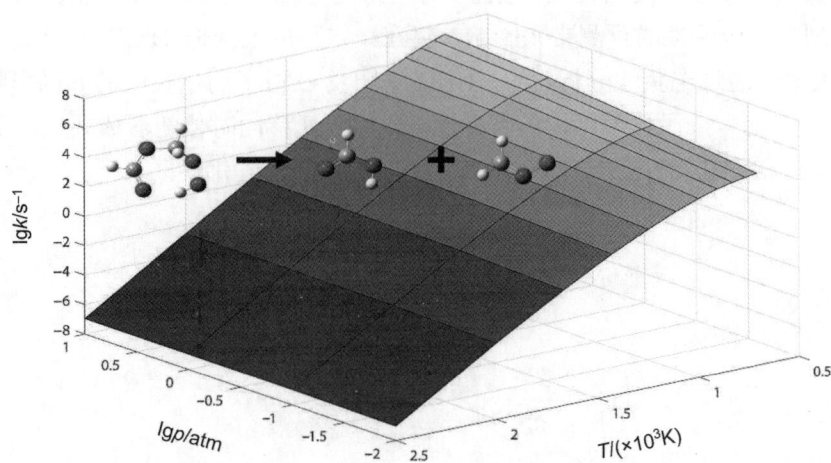

图 5-11　Channel 2 的温度和压力依赖的速率常数

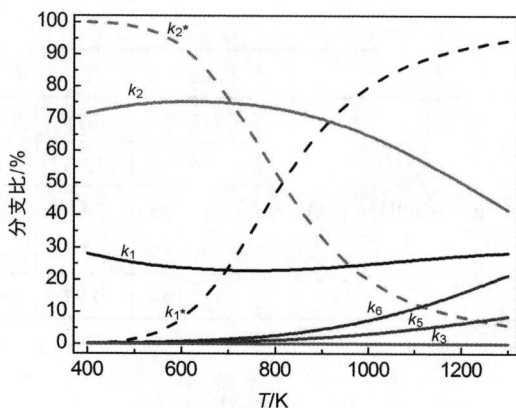

图 5-12　不同反应路径的分支比

注：这里 k_1、k_2、k_3、k_5、k_6 分别对应 Channel 1、2、3、5、6；*表示的是 Andersen 等人的研究结果。

5.4　小　　结

　　HPMF 是影响二甲醚低温氧化反应活性的重要中间体，在本章中，通过高精度的量子化学计算，探究了 HPMF 的单分子解离反应路径。通过微正则变分过渡态理论结合 RRKM/主方程的计算，求解了温度和压力依赖的速率常数，给出了 HPMF 单分子解离的新的竞争关系。计算结果表明，除了 OH 及 OCH_2OCHO 双分子解离路径之外，生成甲酸和 Criegee 中间体的路径确实是存在的，并且可以和直接脱去 OH 的解离路径相互竞争，新的竞争关系将会对未来 DME 低温氧化反应模型中反应活性的预测带来影响，将在一定程度上降低 DME 低温氧化反应活性。另外，通过电负性分析，即—CHO 基团及 O 原子的电负性的异同影响，来解释 HPMF 这一分子化学结构的特殊性。H 原子迁移同时伴随着成环反应具有较高的能垒，这是由分子结构的特殊性导致的电负性变化引起的。

第 6 章 典型羰基氢过氧化物中间体与 OH 反应的理论研究

6.1 引　言

在上一章中提到，羰基氢过氧化物是在低温氧化反应机理中一类重要的中间体。一方面，羰基氢过氧化物引起低温链分支反应，因为它们具有弱的 O—O 键的氢过氧基，容易分解成 OH 和烷氧基；另一方面，羰基氢过氧化物上的 H 原子提取反应可能发挥重要作用，从而降低引发链分支反应的竞争以及对低温氧化机理中双酮等后续解离产物的形成产生影响等。从大气化学的角度出发，生物方式形成和人为产生的有机化合物是对流层臭氧和二次有机气溶胶（SOAs）的前体。有机化合物的大气自氧化通常从与氧化剂（如 OH、NO_3 和 O_3）的反应引发，产生自由基中间体，然后与 O_2 反应形成过氧自由基（RO_2）。过氧自由基在与 HO_2、NO、RO_2 等进行分子内 H 原子迁移或双分子反应的有机化合物中发挥重要作用。具有羰基和氢过氧基官能团的氧化物构成有机自氧化中重要的一类中间体。最近的研究表明，不饱和有机化合物（例如长链烯烃和单萜）的臭氧分解导致具有多个羰基和氢过氧基官能团的高度氧化的分子，并且这些是主要的 SOAs 来源。图 6-1（a）、（b）、（c）显示了来自大气自由基醇、酮和过氧化物的羰基氢过氧化物的潜在反应途径。羰基氢过氧化物与 OH 自由基的反应被认为是对流层中重要的降解途径。羰基氢过氧物可以与 O_2 反应并生成更大的 RO_2 自由基，这种更大的 RO_2 自由基的进一步反应生成低蒸气压中间体，其可能形成云雾和雾滴或者形成 SOAs。由于 OH 自由基在所有的点燃阶段都是重要的，羰基氢过氧物与 OH 的反应在燃烧中也将是重要的。过氧自由基的化学反应也控制了燃烧中有机化合物的自氧化过程（例如在 500～700K）。过氧自由基的分子内 H 原子迁移，随后加入 O_2（也叫作二次加氧），接着分子内 H 原子迁移和分解产生羰基氢过氧化物。图 6-1 显示了从正戊烷和其他化合物的自氧化中产生羰基氢过氧化物的途径，生成的羰基氢过氧化物被认为是碳氢燃料自燃过程的主要链支化剂。因此，必须知道羰基氢过氧化物的反应机理，以进行更准确的点火建模。然而羰基氢过氧化物的氢提取在动力学建模中很少考虑，其反应途径和动力学不为人所知。此外，实验中几乎不可能测量这些氢提取反应的速率，因为羰基过氧化氢物质是非常活泼的；因此，理论计算可以弥补实验中对于理解羰基氢过氧化物化学所必需的差距。

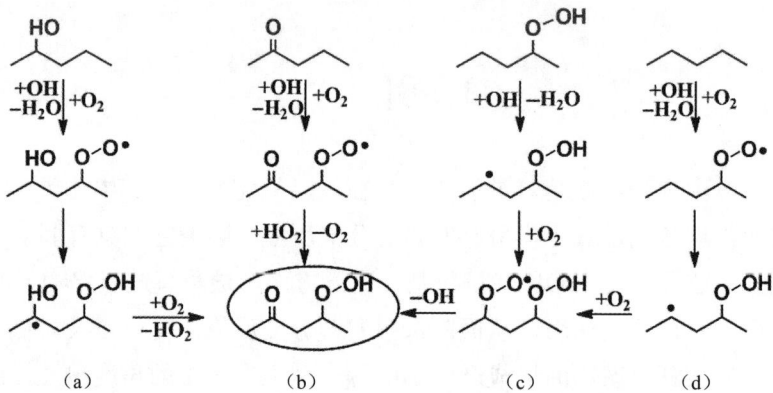

图 6-1　不同物质的自氧化产生羰基氢过氧化物的反应路径分析

在本章中，选择羰基氢过氧化物（4-氢过氧基-2-戊酮）作为模型化合物，以研究 OH 与羰基氢过氧化物反应的动力学（4-氢过氧基-2-戊酮是酮类氢过氧化物，故以下称为 KHP）。在图 6-2 中给出了包括 H 原子提取和 OH 自由基加成的反应机理。如 Sharam 和 Goldsmith 等人先前的研究所述，由于存在和不存在氢键相互作用而产生的扭转势垒的变化，并不能用独立的一维转子准确地描述氢过氧化物和烷基过氧自由基的内部旋转。这些有意思的特征促使人们探索羰基氢过氧化物的氢提取的动力学，以阐明负责链分支反应的物质以及 SOAs 形成等机理。在这项工作中，通过计算 OH 自由基进攻 KHP 的不同位点的势能面，然后利用多路径变分过渡态理论（MP-VTST）结合多维隧穿效应的贡献来计算各自的速率常数。这些速率计算包括多结构非谐性和扭转势非谐性效应。同时考虑了加成反应，通过利用 Lindemann-Hinshelwood 热活化机理使用系统特异性量子 System Specified Rice-Ramsperger-Kassel（SS-QRRK）理论来计算不同压力下的速率常数。

（a）

（b）

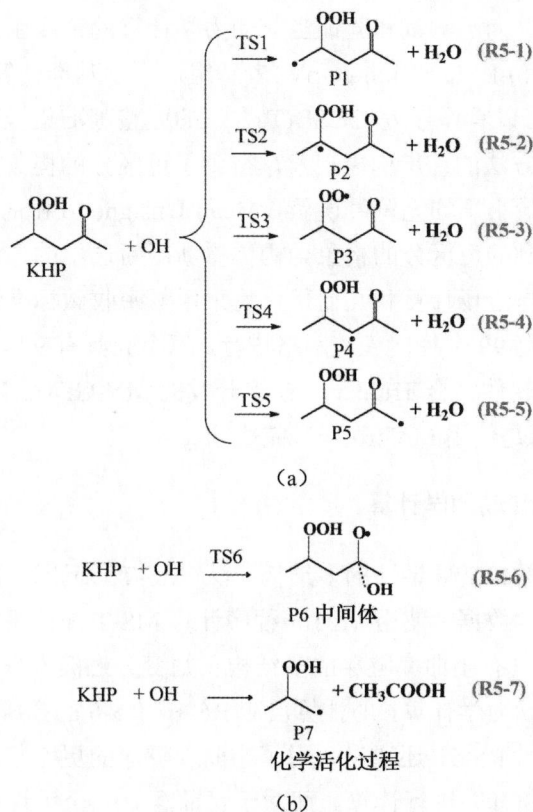

图 6-2　OH 与 KHP 的反应路径

注：（从 R5-1～R5-5）表示的是氢提取反应；(R5-6)表示的是一个稳定的中间体加合物的形成；(R5-7)
　　表示的是 OH 的加成，继而形成双分子产物。产物标有前缀 P，过渡态是用前缀 TS 标记的。

6.2　理论计算方法

6.2.1　电子结构方法

使用 MSTor 程序优化通过旋转所有扭转键（除了甲基基团）产生的初始构象异构体，使用 MG3S 基组和 M08-HX 交换相关函数进行初步构象结构搜索和几何优化，MG3S 基组与 H、C 和 O 原子的 6-311+G(2df, 2p)基组相同。本节中测试了 11 个密度泛函方法（其中 8 个混合密度泛函：M08-HX、M08-SO、M06-2X、ωB97X-D、B3LYP、MN12-SX、MPW1K、M05-2X；3 个局部密度泛函：MN12-L、MN15、MN15-L），结合了 MG3S 和 jul-cc-pVTZ 基组，在 M08-HX/MG3S 几何上进行单点能量计算。为了测试和验证当前动力学计算的密度函数，利用高精度电子结构方法 CCSD(T)-F12a 与 jun-cc-pVTZ 基组进行了基准计算。CCSD(T)-F12a/jun-cc-pVTZ 计算可以看作接近 CCSD(T)方法的完整基准集极限的有效方法。通过 M08-HX/MG3S 方法的初步构象搜索，得到了可区分的构象异构体。在之前的测试中，选出具有最小平均无符号误差（Mean Unsigned Error，MUE）的电子结构方法，将这些得到的可区分的构象异构体重新用新选出的方法进行优化，同时也进行频率分析。自洽场计算和几何优化均采用紧密收敛标准进行，即密度函数积分由每个原子具有 99 个径向壳的网格进行，每个壳具有 974 个角点。这些计算是利用 Gaussian09 软件结合 Truhlar 教授组开发的 MN-GFM6.7 模块进行的，除了 CCSD(T)-F12a 计算是使用 Molpro 程序完成的。

6.2.2　热力学和动力学计算

使用具有耦合的扭转非谐性的多结构方法（MS-T）来计算作为温度函数的焓、熵和热容量等热力学数据。使用 MSTor 程序计算 MS-T 配分函数，所有结构的旋转对称数为 1。使用具有小曲率隧穿的多结构正则变分过渡态理论（MS-CVT/SCT）进行第一原理直接动力学计算，即计算反应 R5-1～R5-6 的高压极限速率常数。对于氢提取反应 R5-1～R5-5，还通过考虑了小曲率隧穿的更完整的多路径变分过渡态理论（MP-CVT/SCT）进行计算。而对于目前含有一个手性碳原子的体系，是按照之前的研究中关于在 MS 和 MP-VTST 理论中处理手性中心的理论和程序进行的。这些动力学计算是使用 Polyrate 2016-2A 和 Gaussrate 2017 程序来完成的。计算所需的最小能量路径（MEP）是使用 Page-McIver 方法在非惯性坐标中计算得到的，该方法被称为局部二次近似，并且使用分割面的重新定向算法。步长大小为 0.0026Å，Hessians 沿反应路径每 10 步更新一次，振动频率的校正因子为 0.975，以用来校正电子结构计算的振动非谐性和系统误差。关于反应 R5-2～R5-6，采用了非冗余内禀反应坐标来计算反应路径的振动频率；对于反应 R5-1，使用冗余内禀反应坐标，因为它具有双重简并的线性弯曲模式。利用小曲率隧穿（Small Curvature Tunneling，SCT）近似评估每个路径的多维隧穿（Multidimensional Tunneling，MT）贡献，振动绝热的基态能量是隧穿的有效势，由下式给出：

$$V_a^G = V_{MEP}(s) + \varepsilon^G(s) \tag{6-1}$$

式中，s 为反应坐标，它是非惯性系坐标下沿着每个 MEP 曲线上相对于鞍点的有符号的距离；$V_{MEP}(s)$是沿着 MEP 的势能；$\varepsilon^G(s)$是局部零点能量。多结构变分过渡态理论（MS-VTST）速率常数由下式计算得到：

$$k^{\text{MS−CVT/SCT}} = F_{\text{act}}^{\text{MS−T}} k_1^{\text{SS−CVT/SCT}}$$ （6-2a）

式中，$k_1^{\text{SS−CVT/SCT}}$ 是具有多维 SCT 近似的单结构正则变分过渡态理论速率常数，即都是采用反应物和过渡态的最低能量结构（在此标为 1）；$F_{\text{act}}^{\text{MS−T}}$ 是反应的多结构扭转非谐性因子——它包括反应物和过渡态的所有构象结构的贡献，由多维耦合的扭转势的处理方法 MS-T 法计算得到，公式如下：

$$F_{\text{act}}^{\text{MS−T}} = F_{\text{TS}}^{\text{MS−T}} / F_{\text{R}}^{\text{MS−T}}$$ （6-2b）

式中，$F_{\text{X}}^{\text{MS−T}}$ 是物种 X 的多结构扭转非谐性因子，它等于 MS-T 方法计算得到的配分函数与单结构谐振子计算的配分函数的比值。如在原 MS-VTST 方法中，$F_{\text{TS}}^{\text{MS−T}}$ 被近似认为是在传统过渡状态下的值。在 MS-T 方法中，给定物种的结构 j 的扭转 τ 的扭转坐标 $\phi_{j,\tau}$ 下的势函数近似为

$$V_{j,\tau} = U_j + A_{j,\tau}[1 - \cos M_{j,\tau}(\phi_{j,\tau} - \phi_{j,\tau,\text{eq}})]$$ （6-2c）

式中，U_j 是该结构的能量；$\phi_{j,\tau,\text{eq}}$ 是扭转角的平衡值；$M_{j,\tau}$ 是由 Voronoi tesellation 确定的局部周期性；$A_{j,\tau}$ 是由二阶力常数和局部周期性得到的。由式（6-2c）与谐振子势的偏差引起的影响称为扭转势非谐性效应，将物种（反应物种或过渡态）的所有可区分结构的贡献包括在内的效果称为多结构非谐性，这两种效应的结合称为多结构扭转非谐性。MP-VTST 是多结构变分过渡态理论的延伸，MP-VTST 速率常数由下式给出：

$$k^{\text{MP−CVT/SCT}} = F_{\text{act}}^{\text{MS−T}} \langle \gamma \rangle_P k_1^{\text{ConTST}}$$ （6-2d）

式中，k_1^{ConTST} 是通过使用全局最小能量结构的反应物和没有隧穿效应处理的全局最小能量结构的过渡结构计算的传统过渡态理论速率常数；$\langle \gamma \rangle_P$ 是路径平均广义传输系数，对每个反应路径而言都是包括变分效应和多维隧穿（MT）的贡献，计算公式如下：

$$\langle \gamma \rangle_P = \frac{\displaystyle\sum_{p=1}^{P} \kappa_p^{\text{MT}} \Gamma_p^{\text{CVT}} Q_p^{\text{SS−T}}}{\displaystyle\sum_{p=1}^{P} Q_p^{\ddagger-\text{SS−T}}}$$ （6-3）

式中，P 是 MP-VTST 计算中涉及的反应路径的数量；$Q_p^{\ddagger-\text{SS−T}}$ 是路径 p 的包含扭转非谐性效应的过渡状态的单结构振动配分函数；Γ_p^{CVT} 是路径 p 的变分效应系数；κ_p^{MT} 是路径 p 的多维隧穿系数。

反应 R5-6 和 R5-7（参见图 5-2）是具有压力依赖的速率常数，这是因为反应机理中存在单分子中间体（P6），这些反应可以通过以下化学活化机制来描述：

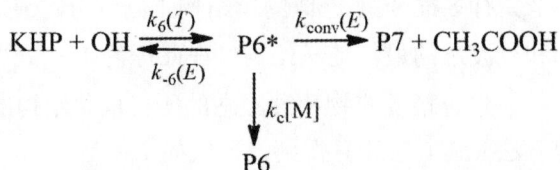

$$KHP + OH \underset{k_{-6(E)}}{\overset{k_{6(T)}}{\rightleftharpoons}} P6* \overset{k_{conv}(E)}{\longrightarrow} P7 + CH_3COOH$$

$$\downarrow k_c[M]$$

$$P6$$

其中 T 是温度，M 是浴气，P6*是活化的加合物，P6 是（稳定的）加成产物，k_c 是碰撞失活的速率常数，$k_{conv}(E)$是活化加合物 P6*的单分子解离速率常数，即活化加合物中间体转化到双分子产物（P7+CH$_3$COOH）的速率常数。稳定的加合物 P6 的形成称为反应 R6，产生稳定的 P6 的速率常数被表示为 $k_{R5\text{-}6}$，定义为 $(d[P6]/dt)/([OH][KHP])$。P6*的单分子解离产生 P7 和 CH$_3$COOH 被定义为反应 R5-7，并且形成 P7 和 CH$_3$COOH 的速率常数被定义为 $k_{R5\text{-}7}=(d[P7]/dt)/([OH][KHP])$，使用系统特定的量子 RRK 理论（SS-QRRK）与化学活化机理相结合来计算压力依赖的速率常数 $k_{R5\text{-}6}$ 和 $k_{R5\text{-}7}$。SS-QRRK 处理所需要的临界能量和频率因子等参数是根据 MP-VTST 计算的高压极限下的速率常数拟合得到的温度依赖的 Arrhenius 参数（下面将给出详细的拟合公式）。k_c 所需的 L-J 参数选择如下：对于 P6，σ_1=5.71Å，ε_1/k_B=510.67K；对于浴气 Ar，σ_2=3.47Å 和 ε_2/k_B= 114.0K。在压力依赖效应中起重要作用的失活碰撞的平均能量转移模型为

$$\langle \Delta E \rangle_{down}= \Theta(T/300)^{0.85} \tag{6-4}$$

式中，Θ=300cm^{-1}。这种简单的幂律表示法已经被验证可以在宽范围的温度和压力下合理地再现实验数据。在以前的工作中，Jalan 等人对于丙烷的酮类氢过氧化物中的Θ采用 150cm^{-1} 的数值；再加上较大物质结构通常具有较大的Θ值的经验规则，本书中Θ取为 300cm^{-1}（当然也将测试关于这一参数的灵敏性分析）。

6.3　结果与讨论

6.3.1　电子结构计算

在这项工作中，测试了 11 个密度泛函方法结合两个基组，与高精度的 CCSD(T)-F12a/jun-cc-pVTZ 基准方法对比。最终之所以选择 M08-HX/jul-cc-pVTZ

方法作为一种经济实惠的电子结构方法，是因为它具有最小的 MUE，即针对正、逆反应能垒和反应能量共 21 个数据的 MUE 值约 0.51kcal·mol^{-1}，如表 6-1 所示。表 6-2 给出了选定的方法和基准方法的正反应能垒高度，这里是以 KHP + OH 的能量为零点的。

表 6-1　相对于基准计算的平均无符号误差

方法	MUE/（kcal·mol^{-1}）
CCSD(T)-F12a/jun-cc-pVTZ	0.00
M08-HX/jul-cc-pVTZ	0.51
M08-HX/MG3S	0.65
M06-2X/MG3S	0.95
MN15-L/MG3S	1.17
MN12-SX/MG3S	1.19
MN12-SX/jul-cc-pVTZ	1.20
M08-SO/MG3S	1.20
M05-2X/ jul-cc- pVTZ	1.24
M08-SO/jul-cc- pVTZ	1.29
MN12-L/MG3S	1.35
MN15-L/jul-cc- pVTZ	1.35
M06-2X/jul-cc- pVTZ	1.42
MPW1K/jul-cc- pVTZ	1.46
MN15/MG3S	1.48
MN12-L/jul-cc- pVTZ	1.66
M05-2X/MG3S	1.79
MN15/jul-cc-pVTZ	1.80
ωB97X-D/MG3S	1.80
ωB97X-D/jul-cc-pVTZ	2.28
MPW1K/MG3S	2.29
B3LYP/jul-cc-pVTZ	2.74
B3LYP/MG3S	2.77

表6-2 选定方法及基准方法计算得到的各个正反应能垒高度

方法	正向反应能垒/（kcal·mol^{-1}）					
	R5-1	R5-2	R5-3	R5-4	R5-5	R5-6
M08-HX	−0.08	−4.76	−2.73	1.06	1.15	0.79
CCSD(T)	0.99	−4.38	−2.61	0.88	1.44	2.60

6.3.2 多结构扭转非谐性效应

除了甲基之外的所有扭转键旋转 0°、120°和−120°以产生各种初始构象结构，所有扭转的扭转势非谐性，包括甲基的都包括在配分函数的计算中，并且在这项工作中，MS-T 配分函数是在全部高水平（即 M08-HX/jul-cc-pVTZ）的情况下计算的。KHP 和 TS1-TS6 的扭转数目分别为 4、7、6、6、6、7 和 5；可区分的结构分别对应为 38、179、50、90、59、136 和 74。图 6-3 中给出了每个物种的不同能量区间内的可区分结构的数目。对于 KHP，38 个结构中最低和最高之间的能量差相对较小，约为 6.2kcal·mol^{-1}。然而对于 TS1，179 个结构中最低和最高之间的能量差异相当大，为 9.9kcal·mol^{-1}。

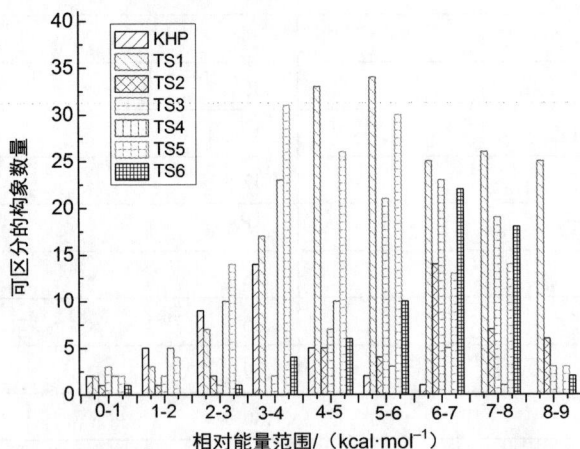

图6-3 不同物种在每个相对势能范围内的可区分构象异构体的数量布居

注：对于 KHP，全局最小结构的能量被选择为相对能量的零点；且对于过渡态，能量是相对于该反应的最低能量的过渡态而言的。

表 6-3 通过比较使用多结构扭转非谐性（MS-T）、多结构局部谐振子近似（MS-LH）及最低能量结构谐振子近似（即单结构 SS-HO）计算出的 KHP 的构象振转配分函数，表明了多结构和扭转非谐性对 KHP 配分函数的影响。MS-LH

近似，由于忽略了扭转的非谐性，但包括多结构的非谐性，在 298～1000K 时与 MS-T 结果相比高估了 4%～22%，但在较高的温度下高出了很多（高达 2.3 倍）；MS-T 的结果远远超过了 SS-HO，如从 298K 时 13 倍的差异增加到 2400K 时的 162 倍的巨大差异。因此，忽略多结构的影响将会在配分函数计算中引入了较大的误差。图 6-4 给出了反应物结构 KHP 和过渡态 TS1～TS6 的所有局域周期性，可以看出这些局域周期通常在 2～3 之间。

表 6-3　不同方法计算得到的 KHP 振转配分函数

T/K	$Q_{\mathrm{con-rovib}}^{\mathrm{MS-T}}$	$Q_{\mathrm{con-rovib}}^{\mathrm{MS-LH}}$	$Q_{\mathrm{rovib,1}}^{\mathrm{SS-HO}}$
298	5.84E−59	7.15E−59	4.64E−60
400	3.43E−40	3.81E−40	1.27E−41
600	9.36E−21	9.76E−21	1.41E−22
800	4.98E−10	5.33E−10	4.68E−12
1000	6.81E−03	7.78E−03	4.93E−05
1500	1.12E+09	1.61E+09	6.36E+06
2400	2.38E+20	5.44E+20	1.47E+18

注：利用多结构扭转非谐性（MS-T）、多结构局部谐振子近似（MS-LH）和最低能量结构谐振子近似（SS-HO）三种方法；计算配分函数的零点能量是最低能量结构对应的能量。

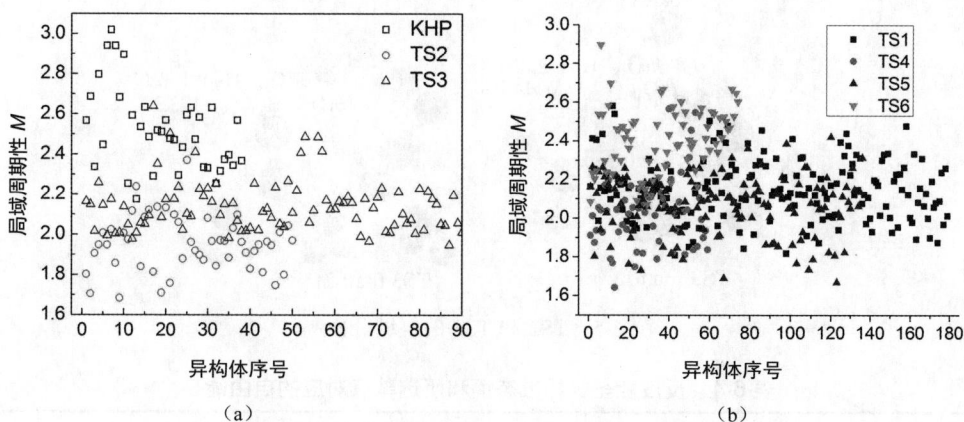

（a）　　　　　　　　　　　　　（b）

图 6-4　KHP 和过渡态 TS1～TS6 的所有局域周期性

　　由于氢键可以稳定过渡态的结构，从而降低了过渡态的能垒，然而氢键的熵效应却可以增加活化的自由能，故氢键最终带来何种影响还需要具体分析。通过采用 Chen 等人定义的标准来分析氢键，正常氢键的 H...O 距离小于 2.4Å，OH...O 键角大于 150°，本书中将强弯曲氢键识别为 H...O 距离小于 2.4Å，OH...O 角度在 90°～150°范围内。图 6-5 显示了反应 R5-2 和 R5-3 的一些过渡态结构，每个反应的第 P 路径是按照其能垒从小至大的值来排序的，并被表示为 path1、path2 等，文中对 path 都是按如此顺序定义的。对于大多数 TS2 构象异构体，存在两个强烈弯曲的氢键，对于 TS3 (path1)也具有强烈的氢键，TS3 (path2)具有正常的氢键，如图 6-5 所示。这些实例的氢键键合过渡态的能垒高度（$V^{\ddagger}$）和量子力学准动力学量如表 6-4 所示。相对于 KHP+OH 的能量而言，反应能垒是负数，显示出其具有一定的稳定性。然而，这并不一定表示会是快速反应，因为还应考虑熵效应。例如具有最高反应能垒的路径，即 TS3 (path2)，却具有比其他路径更大的熵，这在一定程度上降低了活化能。事实上，从反应能垒上来看，它具有最不利的障碍，但它却表现出四种情况中最有利的自由能优势。综上表明氢键的作用是很微妙的。

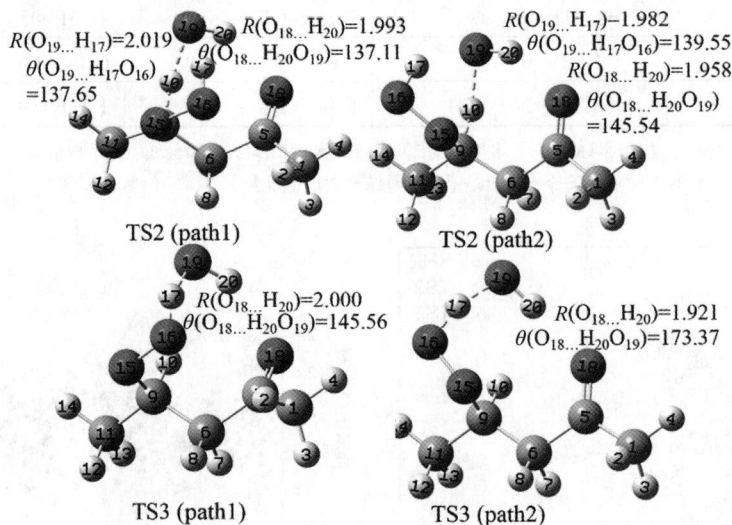

图 6-5　TS2 和 TS3 的氢键分析

表 6-4　反应能垒、标准态熵和所选鞍点对应的自由能

T/K	S°	G°	S°	G°
	TS2 (path 1)		TS2 (path 2)	
	$V^{\ddagger}=-4.8$		$V^{\ddagger}=-3.5$	
298	104.0	−23.2	106.1	−23.7

续表

T/K	$S°$	$G°$	$S°$	$G°$
400	118.0	−34.5	120.1	−35.3
600	142.4	−60.7	144.5	−61.8
800	163.3	−91.4	165.4	−92.8
1000	181.5	−125.8	183.6	−127.9
1500	218.2	−226.2	220.3	−229.2
2400	265.4	−445.2	267.5	−450.1
	TS3 (path 1)		TS3 (path 2)	
	$V^{‡} = -2.7$		$V^{‡} = -2.4$	
298	105.9	−23.7	106.9	−24.0
400	120.0	−35.2	120.8	−35.7
600	144.4	−61.8	145.0	−62.3
800	165.3	−92.8	165.9	−93.4
1000	183.3	−127.6	184.1	−128.5
1500	220.0	−228.9	221.2	−230.2
2400	267.1	−450.1	268.6	−452.1

注：能量零点是 KHP + OH。标准状态压力为 1 bar 理想气体。表中数值单位分别为：反应能垒（kcal·mol^{-1}）、
标准态熵（cal·K^{-1}·mol^{-1}）和自由能（kcal·mol^{-1}）。

图 6-6 描述了在 298～2400K 下每个物种的多结构扭转非谐性因子 F_X^{MS-T} 和每个反应的多结构扭转非谐性因子 F_{act}^{MS-T}。对于 X = KHP 和 TS1～TS6，F_X^{MS-T} 分别在 12～161、8～2077、3～219、5～52、26～296、9～951 和 3～1782 的范围内。对于 T>600K 时的 TS1 和 TS6，多结构扭转非谐性尤其大。从式（6-2b）可以看出反应物 KHP 与过渡态的 F_X^{MS-T} 之间会有相互抵消的因素，故一个反应的多结构非谐性因子将会是小于相应的物种（此处即过渡态）对应的多结构非谐性因子的。反应 R5-1～R5-6 的多结构扭转非谐性因子 F_{act}^{MS-T} 分别分布在 0.6～13、0.2～1.4、0.4～3.5、1.3～1.8、0.7～5.9 和 0.2～11 的范围内。可以看出对于不同的反应，这些非谐性因子的范围是完全不同的，所以多结构扭转非谐性对反应分支比将会具有很大的影响。

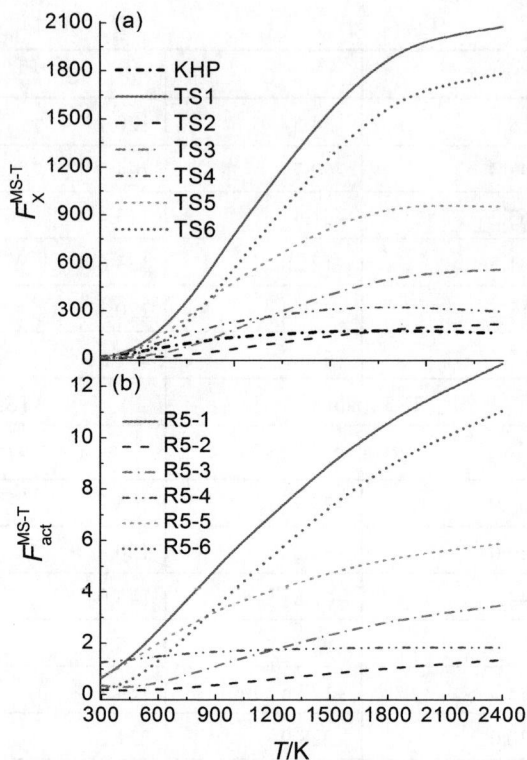

图 6-6　多结构扭转非谐性因子

因为多结构扭转非谐性在配分函数计算中起着重要的作用，所以它将会影响着热力学数据的准确性，如标准态熵、热容量、相对焓和相对吉布斯自由能。表 6-5 列出了 KHP 在 298～1000K 的这些热力学量，同时对比较普遍的基团加和（GA）方法求得的熵和热容量进行了比较。考虑了多结构和扭转非谐性的 MS-T 方法计算的热容量在大多数温度下与 GA 方法获得的偏差约为 3cal·mol^{-1}·K^{-1}。MS-LH 方法高估了热容，特别是在高温下（≥700K）。在 298～600K 的温度范围内，用 MS-T 和 MS-LH 计算的熵几乎相同，与通过 GA 方法获得的熵相当。随着温度的升高，通过 GA 方法估计的熵与 MS-T 的计算结果显示出较大的偏差（3～10cal·mol^{-1}·K^{-1}）。在所有温度下，SS-HO 近似计算得到的结果与 MS-T 结果相差较大，如在 298K 下高达 9cal·mol^{-1}·K^{-1}。由于随着温度升高，多结构非谐性作用增加，用 MS-T 和 MS-LH 计算的熵与 SS-HO 方法及经验方法 GA 的结果有显著的偏差。

表 6-5　使用不同方法计算得到的 KHP 的标准态熵、热容和相对焓

T/K	S_T^0 / (cal·mol^{-1}·K^{-1})				$C_P^0(T)$ / (cal·mol^{-1}·K^{-1})				$H_P^0(T)$ / (kcal·mol^{-1})		
	MS-LH	MS-T	GAb	SS-HOc	MS-LH	MS-T	GAb	SS-HOc	MS-LH	MS-T	SS-HOc
298	104.3	104.6	106.6	95.7	40.7	41.2	37.7	36.0	99.9	100.1	98.5
300	104.6	104.9	106.8	95.9	40.8	41.3	37.8	36.2	99.9	100.2	98.6
400	117.4	117.7	118.5	107.6	48.5	48.1	45.4	45.3	104.4	104.6	102.7
500	129.0	129.2	128.8	118.6	55.5	54.5	51.9	53.2	109.6	109.8	107.6
600	139.7	139.6	138.0	128.9	61.5	60.1	57.5	59.8	115.5	115.5	113.3
700	149.5	149.2	146.3	138.5	66.6	64.9	62.3	65.2	121.9	121.8	119.5
800	158.7	158.2	153.5	147.6	70.9	68.9	66.4	69.8	128.5	128.4	126.3
900	167.3	166.5	159.8	156.0	74.6	72.3	69.8	73.7	136.1	135.5	133.5
1000	175.3	174.3	165.3	164.0	77.8	75.3	72.8	77.1	143.7	142.9	141.0

注：计算是以 KHP 最小能量结构的能量选作零点的；GA 是 Benson's Group Additivity 方法的简写；SS-HO 指的是选用最小能量结构的来计算的。

6.3.3　变分效应

对于每个反应，在 MP-VTST 计算中包括四个最低能量的反应路径（即 P=4）。如上所述，对前四个路径通过反应能垒的递增来排序，并将其表示为 path1、path2 等。图 6-7 中给出了 R5-2（path1～path4）沿着最小能量路径的势能（V_{MEP}）和振动绝热基态的势能曲线（V_a^G）。注意，振动绝热势能曲线与 T=0K 的活化自由能曲线是相同的，对于 R5-2 的所有四个反应路径（path1～path4），正则变分过渡态的位置在 0K 时都是在–0.185Å 附近。在有限温度下，活化自由能与 V_a^G 曲线不同，变分过渡态的位置由活化自由能的最大值决定。例如，对于 path1，在 298K、600K、1000K、1500K 和 2400K 下，变分过渡态位置分别对应为–0.180Å、0.182Å、0.189Å、–0.201Å 和–0.224Å，在这些位置的振动绝热势能均在 93.03～93.06kcal·mol^{-1} 范围内。对于 path2，在这些温度下变分过渡态的位置分别为–0.179Å、–0.195Å、0.221Å、–0.254Å 和–0.310Å，相应的振动绝热基态能量分别为 94.28kcal·mol^{-1}、94.28kcal·mol^{-1}、94.25kcal·mol^{-1}、94.19kcal·mol^{-1} 和 94.06kcal·mol^{-1}。对于 path1～path4，随着反应能垒高度的增加，V_{MEP} 和 V_a^G 曲线都会变得更窄，这一影响将会反映在 6.3.4 节讨论的隧穿系数中。

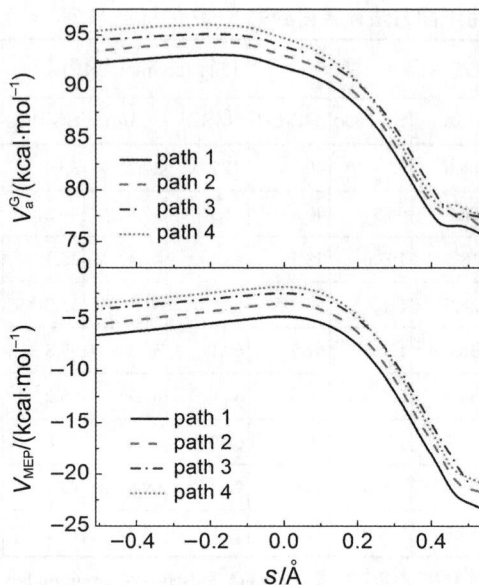

图 6-7   反应 R5-2（path1～path4）的振动绝热基态势能曲线（V_a^G）和势能曲线 V_{MEP}
注：这里 s 是非惯性系坐标下沿着每个 MEP 曲线相对于鞍点的距离，且该距离有方向性。

图 6-8 描绘了 R5-2 的四个最低能量路径 (path1～path4) 的 CVT 变分效应系数。从图上可以看出不同路径的结果是相互一致的，大约在 1.6 倍的偏差范围内。另一方面，变分效应的影响是显著的，特别是在低温下，例如在 T=300K 时，对 R5-2 而言，传统的 TST 速率常数比 CVT 大 8 倍。反应 R5-1 至 R5-6 的变分效应系数如图 6-9 所示，对于 R5-2、R5-3、R5-4 和 R5-5，在整个研究的温度范围内，变分效应系数在 0.1～0.6 之间，那么是什么原因导致这些较大的变分效应的呢？为了回答这个问题，我们分析了沿着反应路径的振动频率，以反应 R5-2 为例，如图 6-10 所示。我们发现沿着反应路径在鞍点附近发生变化最大的频率主导着变分效应的影响。当然在以前的研究中对于许多反应，这种较大的变分效应也曾被观察到。从图 6-10 可以看到一种模式（v11，图中的虚线所示）在鞍点附近急剧变化，特别地，该频率从反应物区减少了约 1000cm^{-1} 之后到鞍点，这一变化显著增加了广义过渡态的振动配分函数。该模式对应于断裂键的振动转变成即将成键的振动模式。虽然振动频率正在快速变化，但是从图 6-7 中鞍点附近的相对平坦的势能表面可以看出，从 s = 0Å 到 s = –0.106Å 的势能变化小于 1.1kcal·mol^{-1}，所以相对于 V_{MEP} 变化而言，振动配分函数的变化大于 V_{MEP} 的玻尔兹曼因子。因此，有必要使用变分过渡态理论（而不是传统过渡态理论）来处理这种反应。这里讨论了关键的高频模式的影响，

当然随着温度的升高，较低的频率也可能非常重要。

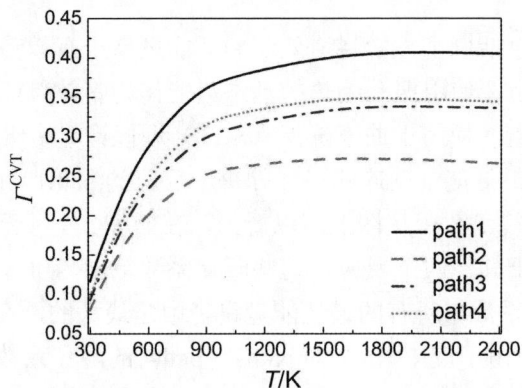

图 6-8　反应 R5-2 随温度变化的正则变分效应系数(Γ^{CVT})

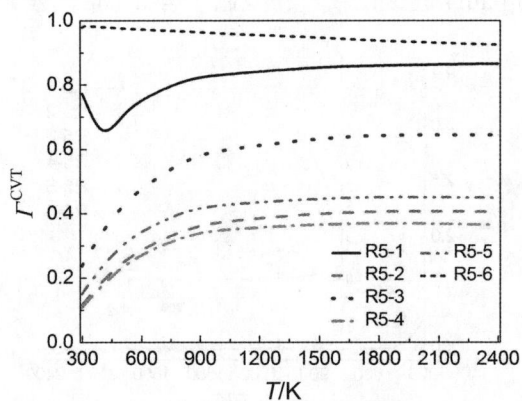

图 6-9　不同反应的正则变分效应系数(Γ^{CVT})

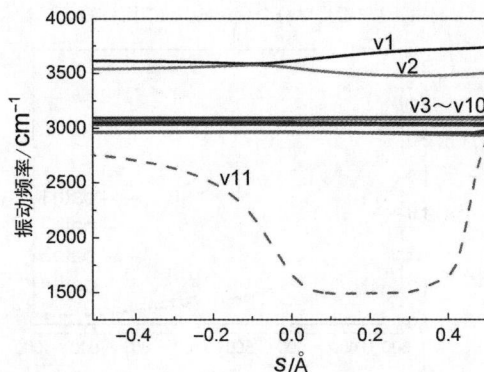

图 6-10　R5-2 的最高（前 11 个）振动频率随反应坐标 s 变化（鞍点在 s=0 处）

6.3.4 隧穿效应

多维隧穿系数包括量子力学隧道效应和对能量高于有效势垒的非传统反射的综合贡献。在本节中，使用振动绝热的基态势能作为有效势能曲线，并通过有效质量包括角切割隧道，使用小曲率隧穿（SCT）近似计算多维隧穿系数。对于反应 R5-1～R5-6，用最低能量反应路径（即每个反应的 path1）的多维 SCT 隧穿系数绘制图 6-11 中曲线函数。从图上可以看出，在 298K 处对于 R5-2 和 R5-3 几乎没有隧穿效应；对于其他四个反应，这些隧穿系数范围为 1.3～3.5。对于这六个反应，R5-5 的隧穿系数在所有的最低能量路径中是最大的，在 600K 时甚至达到 1.5 左右。图 6-12 给出了反应 R5-2 的 path1～path4 的隧穿系数情况，它们与先前讨论的 V_a^G 曲线一致。如预期的那样，具有最高能量势垒的路径具有最大的隧穿系数，如将 path1 与 path4 进行比较，在室温下有 2.4 倍的差异。

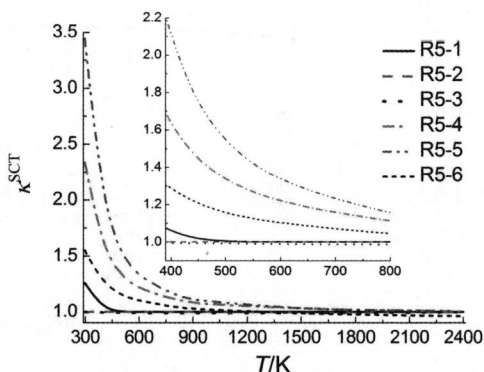

图 6-11　不同反应的小曲率隧穿系数 κ^{SCT}

注：这里都是对每个反应的 path1 而言的。

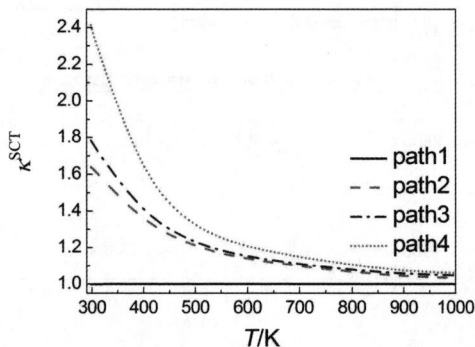

图 6-12　反应 R5-2 (path1～path4)的小曲率隧穿系数 κ^{SCT}

6.3.5 MP-CVT/SCT 速率常数

表 6-6 中列出了反应 R5-1 至 R5-5 的路径平均广义传输系数，对应于在式（6-3）中的 $P = 1$、2 和 4。这些系数包括了路径依赖的变分效应和路径依赖的多维隧穿效应。例如，对于 R5-2，从 path1 到 path4 的多维隧穿系数逐渐增加（见图 6-12），但是变分效应系数是不同能量路径的非单调函数（见图 6-8）。此外，扭转非谐性计算的过渡态的单结构振动配分函数从 path1 到 path4 也是非单调的。这三个因素共同决定了最终的 $\langle \gamma \rangle_P$。对于反应 R5-2 至 R5-5，$\langle \gamma \rangle_2$ 和 $\langle \gamma \rangle_4$ 的差异在 12% 以下，而对于 R5-1，两者的差异约为 42%。这表明热速率常数可以被较高能量路径带来显著的影响。由于这里研究的正向反应是可以放热的，因此在 298～2400K 之间的温度，对于速率常数，采用以下拟合方程式：

$$k = A\left(\frac{T + T_0}{300}\right)^n \exp\left[-\frac{E(T + T_0)}{R(T^2 + T_0^2)}\right] \tag{6-5}$$

式中，A、n、E、T_0 是拟合参数，理想气体常数 R 为 0.00198kcal·mol·K^{-1}。温度依赖的 Arrhenius 活化能 E_a 可以从 Arrhenius 图的局部斜率得出，对于放热反应，E_a 为

$$E_a = \frac{E(T^4 + 2T_0 T^3 - T_0^2 T^2)}{(T^2 + T_0^2)^2} + \frac{nRT^2}{T + T_0} \tag{6-6}$$

表 6-6 不同反应的路径平均广义传输系数

T/K	R5-1			R5-2			R5-3			R5-4			R5-5		
	$\langle \gamma \rangle_1$	$\langle \gamma \rangle_2$	$\langle \gamma \rangle_4$	$\langle \gamma \rangle_1$	$\langle \gamma \rangle_2$	$\langle \gamma \rangle_4$	$\langle \gamma \rangle_1$	$\langle \gamma \rangle_2$	$\langle \gamma \rangle_4$	$\langle \gamma \rangle_1$	$\langle \gamma \rangle_2$	$\langle \gamma \rangle_4$	$\langle \gamma \rangle_1$	$\langle \gamma \rangle_2$	$\langle \gamma \rangle_4$
298	0.97	0.50	0.86	0.12	0.12	0.13	0.24	0.23	0.25	0.25	1.11	1.06	0.52	0.59	0.61
400	0.64	0.29	0.59	0.19	0.18	0.19	0.34	0.32	0.34	0.28	0.80	0.76	0.46	0.56	0.54
600	0.76	0.99	0.82	0.29	0.26	0.27	0.48	0.42	0.44	0.33	0.68	0.63	0.46	0.55	0.53
800	0.81	0.94	0.79	0.34	0.29	0.30	0.56	0.47	0.59	0.36	0.64	0.59	0.46	0.59	0.53
1000	0.83	0.93	0.78	0.38	0.31	0.32	0.60	0.50	0.56	0.37	0.61	0.56	0.47	0.59	0.54
1500	0.86	0.92	0.77	0.40	0.32	0.33	0.64	0.51	0.53	0.38	0.56	0.51	0.46	0.60	0.53
2400	0.87	0.93	0.76	0.41	0.31	0.33	0.64	0.51	0.53	0.37	0.50	0.44	0.45	0.61	0.52

注：$\langle \gamma \rangle_P$ 是由式（6-3）计算得到的，对前 P 条路径求得的平均广义传输系数。

关于反应 R5-1 至 R5-6 的温度依赖性 Arrhenius 活化能被绘制在图 6-13 中。可以看出活化能随温度升高而急剧增加，特别是在 298～600K 的温度范围内。例

如，298~600K 之间的偏差在反应 R5-1 至 R5-5 的 MP-CVT/SCT 计算中分别为 3.2kcal·mol⁻¹、12.8kcal·mol⁻¹、4.4kcal·mol⁻¹、0.8kcal·mol⁻¹、3.3kcal·mol⁻¹。除了 R5-2，MS-CVT/SCT 活化能是接近 MP-CVT/SCT 的；而 MS- 与 MP- 之间的差异是由于量子力学隧穿和多结构非谐性对不同路径依赖性引起的。同时，表 6-7 给出了不同方法计算的速率常数的拟合结果。

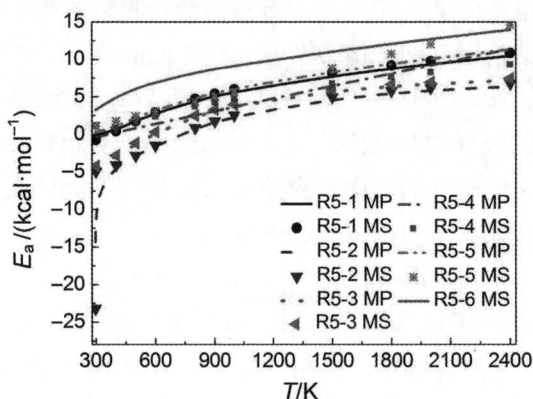

图 6-13 高压极限下不同反应的活化能

注：其中点表示的是 MS-CVT/SCT 的计算结果，线表示的是 MP-CVT/SCT 的计算结果。

表 6-7 不同方法计算的高压极限正向速率常数的拟合参数

反应序号	ln A	n	T_0/K	E/(kcal·mol⁻¹)
TST				
R5-1	−28.506	0.46	−283.669	6.270
R5-2	−23.594	−1.23	−258.554	6.139
R5-3	−24.248	−0.64	−271.683	5.641
R5-4	−28.002	0.89	−266.555	5.524
R5-5	−34.857	3.04	−34.101	−2.532
R5-6	−36.807	2.48	−153.547	−0.241
MS-CVT/SCT				
R5-1	−27.040	1.02	−206.668	6.821
R5-2	−25.786	0.00	−297.981	9.467
R5-3	−23.857	0.04	−241.583	9.347

续表

反应序号	ln A	n	T_0/K	E/(kcal·mol^{-1})
R5-4	−28.982	1.10	−237.202	4.476
R5-5	−33.869	3.21	27.634	−0.570
R5-6	−30.864	1.41	−88.136	7.539
MP-CVT/SCT				
R5-1	−27.518	1.10	−213.343	5.872
R5-2	−25.929	−0.05	−297.010	9.286
R5-3	−23.998	0.00	−244.453	9.279
R5-4	−33.469	2.76	40.751	−1.514
R5-5	−28.488	1.29	−207.533	5.668

图 6-14 显示了在 298～2400K 的温度范围内，反应 R5-1 至 R5-6 最终的 MP-CVT/SCT 与 MS-CVT/SCT 计算的高压极限速率常数。这里有四点值得关注：

（1）对于 R5-1、R5-2、R5-3 和 R5-5，最终的 MP-CVT/SCT 速率常数和 MS-CVT/SCT 速率常数几乎相同；

（2）H-提取反应（从 R5-1 至 R5-5）具有比加成反应（R5-6）更大的速率常数；

（3）R5-2 和 R5-3 具有比其他反应更强的负温度依赖效应；

（4）在低温（298～400K）下，R5-2 和 R5-3 的速率常数相互接近，当温度升高时，R5-3 开始占主导地位。

可以通过下面三个因素来解释第（4）点：①从表 6-4 可得，R5-3 的熵比 R5-2 的熵高 2kcal·mol^{-1}；②在较高的温度下，$T\Delta S$ 的影响大于反应焓的影响；③R5-2 在 500K、1000K、1500K 和 2000K 时的变分效应系数分别为 0.25、0.38、0.40 和 0.41，但 R5-3 对应的变分效应系数分别为 0.42、0.66、0.64 和 0.64，很明显 R5-3 这些相对较高的变分系数系数也将有助于 R5-3 较高的速率常数。然而，在目前的大多数燃烧模型中，仅考虑了反应 R5-2，并且相应的动力学数据都是根据经验估计得到的，同时也都忽略了温度依赖性。如图 6-14 中的点线和虚线所示，在 500～1000K 的温度范围内，经验评估的速率常数比计算结果快了 1.4～3.2 倍。图 6-15 展示了在高压极限下，R5-1 至 R5-6 不同反应的分支比随着温度的变化情况。在高压极限下，R5-7 的反应速率为 0，故图中仅给出了六个反应的分支比。图 6-15 还包括了使用单结构谐振子近似的传统 TST 速率常数计算出的分支比情况，可以很明显地看出其与 MP-CVT/SCT 结果的差异很大，这一现象也反映了多结构扭转效应、变分效应和多维隧穿效应的综合影响。

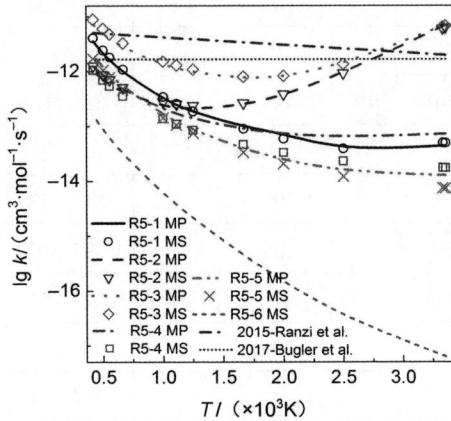

图 6-14　MP-CVT/SCT 和 MS-CVT/SCT 计算的不同反应的高压极限速率常数

注：其中这些点表示 MS-CVT/SCT 的计算结果，线表示的是 MP-CVT/SCT 的计算结果；
还和 Ranzi 等和 Bugler 等模型中的经验评估数据进行了对比。

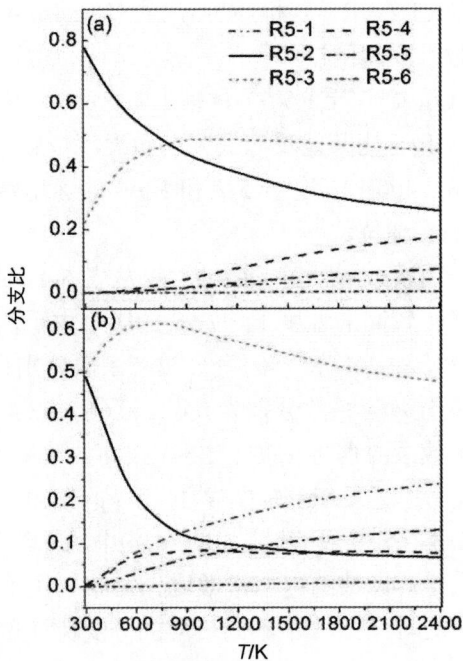

图 6-15　高压极限下不同方法计算的分支比

注：反应 Ri 的分支比为 Ri 的速率常数与总速率常数（所有反应的速率常数之和）的比率。

6.3.6 压力依赖效应

用于预测压力依赖效应的 SS-QRRK 理论可以方便地将变分效应、隧穿和多结构扭转非谐性等考虑到计算压力效应的速率常数所需参数的计算中，并且没有解主方程的复杂性。稳定化 P6 的压力依赖速率常数 k_{R5-6} 被绘制在图 6-16 中，其中温度范围是 298～2400K。从图中可以看出，在 298～600K 的温度范围内，100atm 处的速率常数与高压极限下（HPL）有 1.2～4.3 倍的偏差，因此，即使在高压发动机中，压力效应也不应被忽略。在大气压力（1atm）下，在 298～600K 的低温范围内，速率常数与 HPL 的偏差为 21～324 倍。随着温度的升高，速率常数将变得更远离高压极限。

图 6-17 中的压力降曲线是以 $\lg[k(p)/k(p=\infty)]$ 为纵坐标相对于压力绘制出来的，其中 $k(p)$ 表示在压力 p 下稳定化 P6 的速率常数（k_{R5-6}），$k(p=\infty)$ 表示速率常数的高压极限。转变压力 $p_{1/2}$ 定义为速率常数是高压极限速率常数的一半时对应的压力。在每一固定 T 下，从 $k(T, p)$-p 的表中通过内插法得到 $p_{1/2}(T)$，所得的 $p_{1/2}(T)$ 绘制在图 6-18 中。在 300K、400K、500K 和 600K 的温度下，$p_{1/2}$ 分别对应为 21atm、69atm、158atm 和 339atm。然而，当温度升高到 1000K 以上时，$p_{1/2}$ 随温度迅速增加。

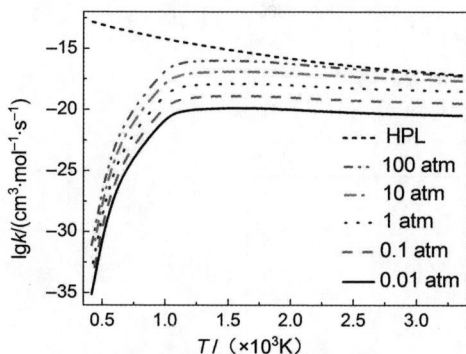

图 6-16 温度和压力依赖的反应 R5-6 的速率常数

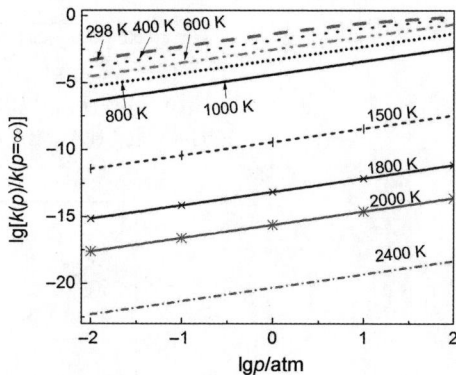

图 6-17 各种温度下 k_{R5-6} 的压力依赖曲线

如计算方法部分所述，R5-7 是一个具有压力依赖性的双分子反应，因为其反应机理中存在单分子中间体（P6），故将双分子产物 P7 和 CH_3COOH 形成速率常数（即 k_{R5-7}）的曲线绘制成温度和压力的函数，如图 6-19 所示。从图中可以看出，

R5-7 的速率常数在 800～2400K 温度范围内没有压力依赖效应，并且在整个研究的温度范围，R5-7 的速率常数在 0.01atm 和 0.1atm 时是相同的。然而在室温下，1atm 时形成 P7+CH₃COOH 的速率常数比 100atm 大 5.8 倍。压力依赖效应会受到碰撞能量传递参数很大的影响。因此，分析了在各种温度下对碰撞能量传递参数 Θ 的敏感性，图 6-20 给出了反应 R5-6 的压力依赖曲线。当 Θ（即 $<\Delta E>_{down}$）增加时，P6 的稳定化生成将变得更有效，即 R5-6 的速率常数增加，而 R5-7 的速率常数降低。在考虑了压力效应后，分支比又会发生怎么样的变化呢？如图 6-21 所示，列出了在 1atm 时总的氢提取反应、R5-6 和 R5-7 的分支比随着温度变化的趋势，其中氢提取表示所有氢提取（R5-1～R5-5）的总速率常数。可以看到，氢提取反应在有限压力下高达 99%，对整体 KHP + OH 动力学起到很重要的作用。

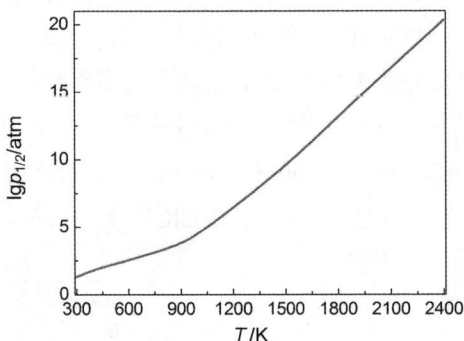

图 6-18 k_{R5-6} 以温度为函数的转变压力

注：转变压力 $p_{1/2}$ 定义为速率常数是高压极限速率常数的一半时对应的压力。

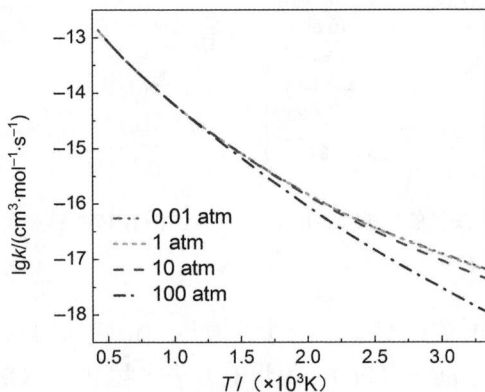

图 6-19 温度和压力依赖的反应 R5-7 的速率常数

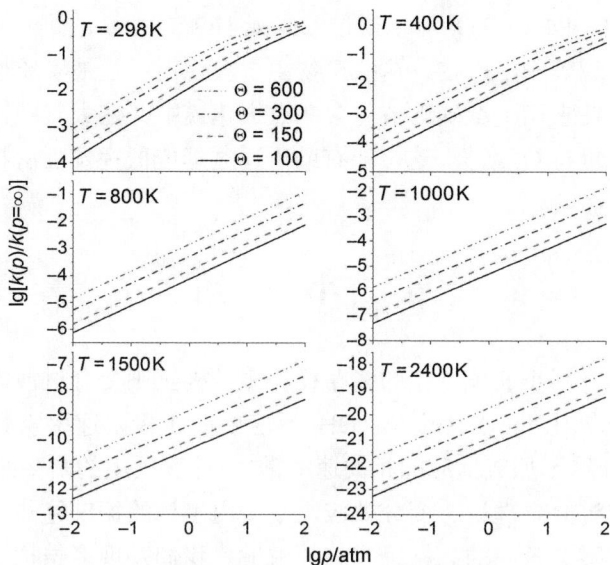

图 6-20　反应 R5-6 使用不同的 $<\Delta E>_{\text{down}}$ 碰撞转移参数的灵敏性分析

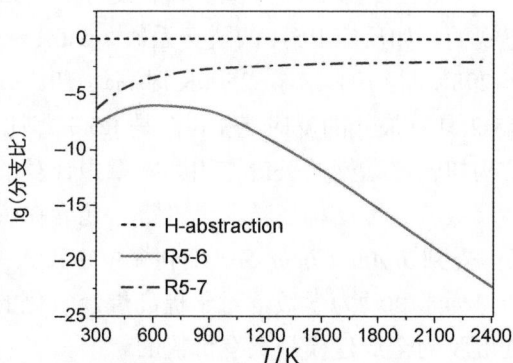

图 6-21　1atm 时总的氢提取反应、R5-6 和 R5-7 的分支比随温度的变化

注：反应 Ri 的分支比为 Ri 的速率常数与总体速率常数（R5-1～R5-7）的比率，
这里总的氢提取指的是所有氢提取（R5-1～R5-5）的总速率常数。

6.3.7　对 KHP 化学的影响

在实验中检测 KHP 的氢提取反应基本上是不可能的。第一，KHP 的制备和纯化是一个复杂的过程；第二，KHP 的存储是困难的，因为 KHP 非常活跃；第三，这些氢提取反应可以产生不同的产物，如作为活性基团的 P1、P2、P3、P4 和 P5。因此，理论计算对于理解 KHP 动力学是必不可少的。这里研究的反应产物（P1、P2、P3、P4 和 P5）可以通过 OH 或 HO_2 自由基的进一步脱去而分解成双酮、环醚或烯酮等稳定产物。这些产物由于较稳定已经被实验检测到，目前的动力学数据可以使它们更准确地被包含在点火建模中。在大气中，这里研究的反应产物有望进一步与 O_2 结合，这可能有助于通过形成低挥发性有机物来形成二次有机气溶胶（SOAs）。

6.4 小　结

在本章中，利用小曲率隧穿的多路径和多结构正则变分过渡态理论，计算了典型的酮类氢过氧化物（KHP）与 OH 反应的高压极限速率常数，同时还使用 SS-QRRK 方法计算了加成反应的相关速率常数。计算采用的是多路径 VTST 方法，这是融合了传统过渡态理论、变分效应、基于内坐标的振动绝热电势、多结构扭转非谐性和多维隧穿效应的高精确方法的求解。我们发现多结构非谐性对热力学数据有很大的影响，其对速率常数有 0.2～12 倍的影响。变分效应在速率常数的确定中起到重要作用，并且在低温下可引起速率常数约 10 倍的偏差。我们还发现隧穿效应也是不能忽视的，如反应 R5-4 的隧穿系数（path1～path4 四条路径上的玻尔兹曼平均值）在 298K 时约为 4，在 2500K 时高达 10。发现 R5-2 和 R5-3 是主要的反应，尽管 R5-2 具有最低的反应能垒，但是 R5-3 却比 R5-2 快，该结果反映了变分效应和多结构扭转非谐性的关键作用。本章中计算的细节表明了将这些影响（变分效应、隧穿效应、多结构扭转非谐性等）包含在燃烧和大气建模中的重要性。这项研究工作受到 *J. Am. Chem. Soc.* 期刊多位审稿人的高度评价，认为该工作中计算的准确的热力学和动力学数据对于提高烷烃氧化的化学动力学模型的准确性和二次有机气溶胶的全局建模是很有价值的。

第 7 章 糠醇燃料单分子解离的反应动力学
与机理研究

7.1 引   言

呋喃和取代呋喃燃料具有良好的燃烧特性，有利于在内燃机上的应用。因此，详细了解呋喃及其衍生物的动力学行为，对于研究其作为石油等不可再生资源的替代燃料在实际生活中的应用至关重要。近年来，关于呋喃的热分解反应机理被广泛研究。Mai 等采用不同的复合电子结构方法结合动力学计算对呋喃的单分子热解的详细反应机理进行了全面研究。呋喃是一种单杂环有机化合物，它包含四个碳原子和一个氧原子。呋喃的分解主要是通过卡宾化学进行的。糠醛是通过开环异构化和协同环化机制反应进行的。对于烷基取代呋喃（如 2-甲基呋喃和 2,5-二甲基呋喃）的热分解，由于烷基取代基中存在较弱的 C—H 键，因此自由基化学在热分解中占主导地位。尽管已经确定了越来越多的关于呋喃分解问题的研究，但是针对具有含氧取代基的呋喃的热分解反应的研究却很少。例如，呋喃环与羟甲基取代基团结合形成糠醇，它在生物质的转化过程中起着重要作用。然而，对于糠醇，目前只有一种理论计算和模拟研究。Vermeire 等利用 CBS-QB3 方法描述出了糠醇分解的势能面。然而，他们没有探索各种反应通道的动力学行为。这项有限的研究对糠醇、呋喃和烷基呋喃热解之间的异同提出了进一步的问题。

在本章中，提出了 2-呋喃即糠醇（2-furfuryl alcohol，2FFOH）分解势能面的反应热力学。糠醇是由呋喃环与羟甲基结合而成的，由于 C—C、C—O 和 O—H 键内部旋转，会产生出许多构象。因此，考虑了多重结构和扭转非谐效应，确定了准确的热力学性质。使用 RRKM 主方程理论，计算这些主要反应途径的温度和压力相关的速率常数。本章研究的内容将为糠醇在广泛的温度和压力范围内的研究提供非常有价值的信息。

7.2 理 论 方 法

7.2.1 量子化学

使用 MSTor 程序进行了详尽的构象搜索，在 M05-2X/jun-cc-pVTZ 的理论水平上，对初步的构象结构进行了几何形状优化和频率分析。尽管先前的研究表明，所选的 M05-2X/jun-cc-pVTZ 方法对糠醇类反应体系有良好的模拟结果，但单点能量是通过显式相关的电子结构方法 CCSD(T)-F12a 结合 jun-cc-pVTZ 基组计算的。CCSD(T)-F12a/jun-cc-pVTZ 的计算是一种有效且精准的方法，在完全基组能量极限的 0.5kcal·mol^{-1} 范围内。几何优化和自洽场计算都是在严格的收敛准则下进行的计算。所有的 CCSD(T)-F12a 计算均采用 Molpro 程序进行。所有的电子结构计算都使用 Gaussian 16 量子化学软件包。

7.2.2 热力学与动力学

采用耦合扭转-电位非谐性的多结构方法计算了大温度范围内的热力学性质（如焓、熵和热容）。同时考虑了扭转势非谐效应和多重结构非谐效应。所有的热力学量都是由总配分函数决定的。MS-T 配分函数采用 MSTor 软件包进行计算。

动力学分析包括压力和温度相关的速率常数通过过渡态理论和 RRKM 理论以及主方程方法使用 MESS 软件计算。考虑了隧道效应的埃卡特修正。每次失活碰撞转移的平均能量用简单的幂律公式计算：

$$\langle \Delta E \rangle_{\mathrm{down}} = \Theta \times (T/300)^{0.8} \qquad (7\text{-}1)$$

它决定了碰撞效率，对较低压力下的动力学数据起着重要作用。在本章中，经验参数 Θ 被设定为 260cm^{-1}。为了计算碰撞失活速率常数，根据经验公式评估 Lennard-Jones 值：对于 C$_5$H$_6$O$_2$ 物种，σ_1=5.4Å，ε_1=320cm^{-1}；对于 Ar，σ_{Ar}=3.5Å，$\varepsilon_{\mathrm{Ar}}$=79cm^{-1}。Ar 被设定为浴气。动力学计算分别在 298～2400K 和 0.1～10atm 条件下进行。

7.3 结果与讨论

7.3.1 电子结构的计算

前文的有关研究表明，卡宾中间体形成的势垒高度低于双基形成的势垒高度。图 7-1 描述了糠醇单分子反应在 CCSD(T)-F12a/jun-cc-pVTZ//M052X/jun-cc-pVTZ 水平上形成卡宾中间体的势垒高度。显然，糠醇的分解过程有五种途径。三种途径包含 1,2 H 迁移，通过克服 69.29kcal·mol^{-1}、64.92kcal·mol^{-1} 和 68.06kcal·mol^{-1} 的能垒，形成中间体 INT1、INT2 和 INT3，这与 Vermeire 等使用 CBS-QB3 方法的研究结果一致，Vermeire 等用 CBS-QB3 方法报道了形成 INT1、INT2 和 INT3 的能垒分别为 70.51kcal·mol^{-1}、66.20kcal·mol^{-1} 和 69.07kcal·mol^{-1}。其中一个途径是 CH$_2$OH 迁移，通过相对较高的能垒（TS4，74.62kcal·mol^{-1}）形成中间体 INT4。然后这些卡宾中间体会解离成双分子产物，如图 7-2 所示。值得注意的是，在形成最终的双分子产物之前，INT1 可以通过 TS1a（57.56kcal·mol^{-1}）发生 C—O 键裂变，通过 TS1a（57.56kcal·mol^{-1}）克服相对较低的势垒，产生稳定的中间体 INT1a。与糠醇单分子反应途径相比，Tian 等没有考虑这种 C—O 键裂变，但出现在 Mai 等的研究中，被证明在呋喃反应动力学中起着至关重要的作用。

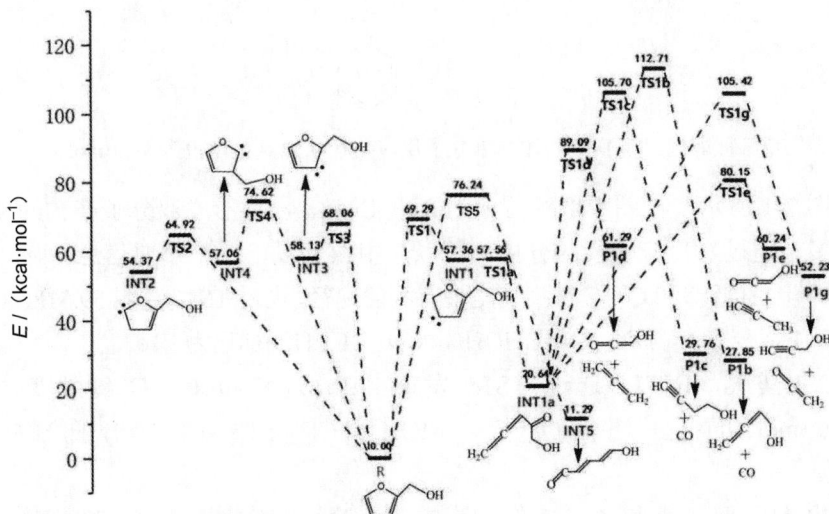

图 7-1 糠醇在 CCSD(T)-F12a/jun-cc-pVTZ//M052X/jun-cc-pVTZ
水平（包括零点能量）下的单分子分解能量示意图

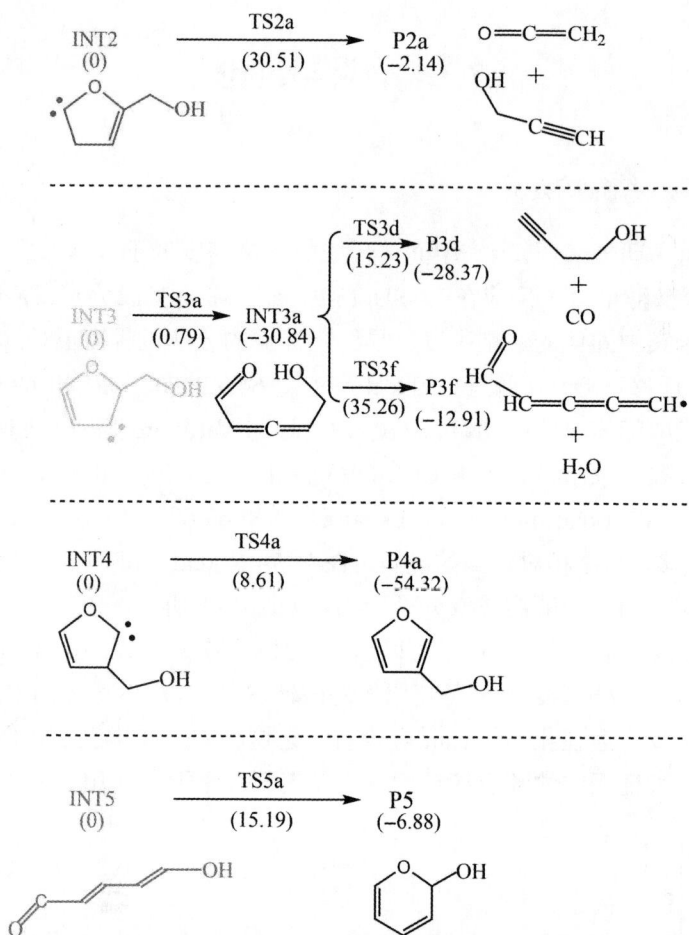

图 7-2　糠醇通过卡宾中间体的单分子反应路径（能量值单位为 kcal·mol^{-1}）

如图 7-1 所示（在图中糠醇被记为 R），INT1a 物种形成双分子产物的反应途径有很多。通过对反应途径的分析，可以从中得到以下三个重要信息。

（1）1,5 H 迁移和 C—C 键裂变是最有利的途径，通过 TS1e 克服 59.51kcal·mol^{-1} 的势垒产生双分子产物 O＝C＝CHOH 和 CH$_3$—CCH（标记为 P1e）。

（2）其次，INT1a 通过 TS1d 发生 1,3 H 迁移和 C—C 键裂变，克服 68.45kcal·mol^{-1} 的势垒，生成 O＝C＝CHOH 和 CH$_2$＝C＝CH$_2$ 双分子产物（标记为 P1d）。

（3）通过 H 迁移和 C—C 键裂变的三个途径，分别克服 84.78kcal·mol^{-1}、85.06kcal·mol^{-1} 和 92.07kcal·mol^{-1} 的能垒，形成双分子产物（标记为 P1g+O＝

C═CH$_2$、P1c+CO、P1b+CO）。

图 7-2 为糠醇经中间体（INT2、INT3 和 INT4）的单分子反应的势能面。INT2 通过 TS2a 克服 30.51kcal·mol^{-1} 的能垒直接生成烯酮（O═C═CH$_2$）和丙炔醇（HCC—CH$_2$OH，标记为 P2a）。对于 INT3，首先通过直接的 C—O 键裂变跨过 0.79kcal·mol^{-1} 的微妙势垒产生稳定的中间体 INT3a（−30.84kcal·mol^{-1}）。然后 INT3a 通过克服 46.07kcal·mol^{-1} 和 66.1kcal·mol^{-1} 的能垒直接生成 P3d 和 P3f，其中一条路径为脱去 CO 的反应。INT4 通过 TS4a 克服了 8.61kcal·mol^{-1} 的相对较低的能垒直接生成 3-呋喃甲醇（P4a）。从—CH$_2$OH 基团到呋喃环上发生 1,2 H 迁移的同时，在呋喃环上的 C—O 键裂变可使 INT5 形成稳定的六元环种（标记为 P5）。

7.3.2 热力学性质

通过多结构扭转法（MS-T）得到 R、INT1、INT2、INT3、INT4 的构象-旋转-振动配分函数，如表 7-1 所示。同时，给出了每一种最低能量结构的多结构局部全谐波法（MS-LQH）和单结构全谐波法（SS-QH）的分区函数以供比较。值得注意的是，本章所研究的内容同时考虑了多结构和扭转势的非谐性。对于 R、INT1 和 INT2，使用 MS-T 方法的构象-旋转-振动配分函数比使用 SS-QH 方法的大 4.2～5.9 倍、4.7～5.8 倍和 3.4～5.7 倍。然而，对于 INT3 和 INT4，在所研究的温度范围内，MS-T 方法的构象-旋转-振动配分函数比 SS-QH 方法的大 3.4～10.2 和 3.2～9.2 倍。

表 7-1　构象-旋转-振动配分函数和每个最低能量结构的 MS-LQH、SS-QH

反应物	T/K	$Q_{\text{con-rovib}}^{\text{MS-T}}$	$Q_{\text{con-rovib}}^{\text{MS-LQH}}$	$Q_{\text{rovib,1}}^{\text{SS-QH}}$
R	298	4.01×10^{-40}	3.67×10^{-40}	9.15×10^{-41}
	400	2.08×10^{-27}	1.86×10^{-27}	4.13×10^{-28}
	500	1.12×10^{-19}	1.00×10^{-19}	2.06×10^{-20}
	600	2.80×10^{-14}	2.54×10^{-14}	4.91×10^{-15}
	700	3.16×10^{-10}	2.94×10^{-10}	5.41×10^{-11}
	800	5.02×10^{-7}	4.83×10^{-7}	8.55×10^{-8}
	1000	3.49×10^{-2}	3.61×10^{-2}	6.02×10^{-3}
	1500	1.57×10^{6}	1.96×10^{6}	2.99×10^{5}
	1800	2.08×10^{9}	2.88×10^{9}	4.27×10^{8}
	2000	1.16×10^{11}	1.71×10^{11}	2.49×10^{10}

反应物	T/K	$Q_{\text{con-rovib}}^{\text{MS-T}}$	$Q_{\text{con-rovib}}^{\text{MS-LQH}}$	$Q_{\text{rovib,I}}^{\text{SS-QH}}$
R	2400	9.99×10^{13}	1.67×10^{14}	2.37×10^{13}
INT1	298	5.74×10^{-39}	5.56×10^{-39}	1.23×10^{-39}
	400	1.60×10^{-26}	1.54×10^{-26}	3.20×10^{-27}
	500	6.23×10^{-19}	6.06×10^{-19}	1.18×10^{-19}
	600	1.28×10^{-13}	1.28×10^{-13}	2.34×10^{-14}
	700	1.28×10^{-9}	1.33×10^{-9}	2.27×10^{-10}
	800	1.88×10^{-6}	2.04×10^{-6}	3.28×10^{-7}
	1000	1.19×10^{-1}	1.42×10^{-1}	2.06×10^{-2}
	1500	4.94×10^{6}	7.41×10^{6}	8.96×10^{5}
	1800	6.47×10^{9}	1.10×10^{10}	1.23×10^{9}
	2000	3.58×10^{11}	6.56×10^{11}	7.07×10^{10}
	2400	3.09×10^{14}	6.50×10^{14}	6.59×10^{13}
INT2	298	7.41×10^{-39}	7.35×10^{-39}	2.17×10^{-39}
	400	2.02×10^{-26}	1.91×10^{-26}	5.04×10^{-27}
	500	7.88×10^{-19}	7.22×10^{-19}	1.75×10^{-19}
	600	1.63×10^{-13}	1.46×10^{-13}	3.33×10^{-14}
	700	1.64×10^{-9}	1.46×10^{-9}	3.16×10^{-10}
	800	2.42×10^{-6}	2.15×10^{-6}	4.49×10^{-7}
	1000	1.55×10^{-1}	1.40×10^{-1}	2.76×10^{-2}
	1500	6.62×10^{6}	6.46×10^{6}	1.17×10^{6}
	1800	8.78×10^{9}	9.11×10^{9}	1.61×10^{9}
	2000	4.88×10^{11}	5.28×10^{11}	9.19×10^{10}
	2400	4.26×10^{14}	5.02×10^{14}	8.53×10^{13}
INT3	298	7.07×10^{-40}	6.98×10^{-40}	2.06×10^{-40}
	400	2.82×10^{-27}	2.75×10^{-27}	6.54×10^{-28}
	500	1.37×10^{-19}	1.36×10^{-19}	2.66×10^{-20}
	600	3.32×10^{-14}	3.40×10^{-14}	5.54×10^{-15}
	700	3.75×10^{-10}	4.00×10^{-10}	5.56×10^{-11}
	800	6.08×10^{-7}	6.77×10^{-7}	8.21×10^{-8}

续表

反应物	T/K	$Q_{\text{con-rovib}}^{\text{MS-T}}$	$Q_{\text{con-rovib}}^{\text{MS-LQH}}$	$Q_{\text{rovib,1}}^{\text{SS-QH}}$
INT3	1000	4.47×10^{-2}	5.44×10^{-2}	5.27×10^{-3}
	1500	2.32×10^{6}	3.46×10^{6}	2.35×10^{5}
	1800	3.30×10^{9}	5.48×10^{9}	3.26×10^{8}
	2000	1.90×10^{11}	3.38×10^{11}	1.87×10^{10}
	2400	1.75×10^{14}	3.51×10^{14}	1.75×10^{13}
INT4	298	1.62×10^{-39}	1.54×10^{-39}	5.11×10^{-40}
	400	6.00×10^{-27}	5.79×10^{-27}	1.43×10^{-27}
	500	2.84×10^{-19}	2.82×10^{-19}	5.45×10^{-20}
	600	6.69×10^{-14}	6.94×10^{-14}	1.10×10^{-14}
	700	7.40×10^{-10}	8.02×10^{-10}	1.08×10^{-10}
	800	1.18×10^{-6}	1.33×10^{-6}	1.57×10^{-7}
	1000	8.31×10^{-2}	1.03×10^{-1}	9.95×10^{-3}
	1500	4.02×10^{6}	6.04×10^{6}	4.39×10^{5}
	1800	5.55×10^{9}	9.25×10^{9}	6.07×10^{8}
	2000	3.15×10^{11}	5.59×10^{11}	3.48×10^{10}
	2400	2.83×10^{14}	5.65×10^{14}	3.25×10^{13}

注：配分函数的能量零点是能量最低的经典平衡结构的能量。

表 7-2 列出了通过 MS-T 方法计算的 R、INT1、INT2、INT3 和 INT4 物种的热力学量（温度相关的标准状态理想气体 S_T^0、相对焓 $H_p^0(T)$ 和热容 $C_p^0(T)$）。还提供了用 MS-LQH 方法计算的所有热力学量。与使用精确 MS-T 方法计算的 S_T^0 值相比，使用 MS-LQH 方法计算的值偏差为：R 为 0.1~2.4cal·mol^{-1}·K^{-1}、INT1 为 0.1~3.0cal·mol^{-1}·K^{-1}、INT2 为 0.1~1.3cal·mol^{-1}·K^{-1}、INT3 为 0.2~2.7cal·mol^{-1}·K^{-1}、INT4 为 0.1~2.7cal·mol^{-1}·K^{-1}。如表 7-2 所示，对于所有研究物种，MS-LQH 方法低估了 S_T^0 值，但在较高温度下高估了其值。在 600~1000K 的温度范围内，MS-LQH 方法将 R 的 $H_p^0(T)$ 的值高估了 0.2~0.7kcal·mol^{-1}，INT1 的 $H_p^0(T)$ 值高估了 0.2~1.0kcal·mol^{-1}。对于 INT2，MS-LQH 方法低估了在较低温度下的 $H_p^0(T)$ 值，但当温度高于 900K 时，高估了 0.1~2.4kcal·mol^{-1}。在 1000~2400K 的温度范围内，MS-LQH 方法将 INT3 和 INT4 的 $H_p^0(T)$ 值高估了 0.9~3.3kcal·mol^{-1} 和 0.8~

3.1kcal·mol^{-1}。在研究的温度范围内，MS-LQH 方法将 R 和 INT1 的 $C_p^0(T)$值高估了 0.2～2.0kcal·mol^{-1}。对于 INT2，MS-LQH 方法低估了较低温度下的 $C_p^0(T)$值，但当温度高于500K时，对于 INT3 和 INT4 的 $C_p^0(T)$值高估了 0.1～1.8cal·mol^{-1}·K^{-1}，MS-LQH 方法在整个温度范围将 INT3 和 INT4 的 $C_p^0(T)$值高估了 0.3～1.8cal·mol^{-1}·K^{-1} 和 0.7～1.7cal·mol^{-1}·K^{-1}。

表 7-2　用不同的方法计算的物种 R、INT1、INT2、INT3 和 INT4 的标准态熵、热容和相对焓

反应物	T/K	S_T^0 / (cal·mol^{-1}·K^{-1})		$C_p^0(T)$ / (cal·mol^{-1}·K^{-1})		$H_p^0(T)$ / (kcal·mol^{-1})	
		MS-T	MS-LQH	MS-T	MS-LQH	MS-T	MS-LQH
R	298	84.1	83.6	25.5	25.7	68.4	68.3
	400	92.6	92.2	32.4	33.1	71.4	71.4
	500	100.4	100.3	38.2	39.2	74.9	75.0
	600	107.8	107.9	42.9	44.1	79.0	79.2
	700	114.7	115.0	46.6	48.0	83.5	83.8
	800	121.2	121.6	49.7	51.2	88.3	88.7
	1000	132.8	133.6	54.5	56.1	98.7	99.5
	1500	156.4	157.9	61.6	63.4	128.0	129.6
	1800	167.9	169.7	64.0	65.9	146.8	149.0
	2000	174.7	176.7	65.2	67.1	159.8	162.3
	2400	186.7	189.1	66.9	68.8	186.2	189.5
INT1	298	84.3	84.1	26.7	26.9	66.9	66.9
	400	93.2	93.1	33.9	34.6	70.0	70.0
	500	101.4	101.6	39.7	40.9	73.7	73.8
	600	109.1	109.5	44.2	45.7	77.9	78.2
	700	116.2	116.8	47.9	49.6	82.5	82.9
	800	122.8	123.6	50.8	52.6	87.5	88.0
	1000	134.6	135.9	55.3	57.3	98.1	99.1
	1500	158.5	160.6	62.1	64.1	127.7	129.6
	1800	170.0	172.5	64.4	66.4	146.7	149.2
	2000	176.9	179.5	65.6	67.5	159.7	162.6
	2400	189.0	192.0	67.2	69.1	186.2	190.0

续表

反应物	T/K	S_T^0 / (cal·mol^{-1}·K^{-1})		$C_p^0(T)$ / (cal·mol^{-1}·K^{-1})		$H_p^0(T)$ / (kcal·mol^{-1})	
		MS-T	MS-LQH	MS-T	MS-LQH	MS-T	MS-LQH
INT2	298	84.6	84.2	27.5	27.1	66.8	66.7
	400	93.6	93.2	34.3	34.2	70.0	69.9
	500	101.9	101.5	40.0	40.1	73.7	73.6
	600	109.6	109.2	44.5	44.8	78.0	77.9
	700	116.7	116.4	48.1	48.7	82.6	82.5
	800	123.4	123.2	51.0	51.8	87.6	87.6
	1000	135.3	135.3	55.5	56.6	98.2	98.4
	1500	159.2	159.7	62.2	63.7	127.9	128.7
	1800	170.8	171.6	64.5	66.2	146.9	148.2
	2000	177.6	178.6	65.6	67.3	159.9	161.6
	2400	189.7	191.1	67.2	69.0	186.5	188.9
INT3	298	82.9	82.7	27.1	27.4	67.7	67.7
	400	91.9	91.9	34.5	35.4	70.9	70.9
	500	100.3	100.5	40.4	41.7	74.6	74.8
	600	108.0	108.5	45.0	46.4	78.9	79.2
	700	115.3	116.0	48.5	50.0	83.6	84.0
	800	121.9	122.8	51.4	52.9	88.6	89.2
	1000	133.9	135.2	55.8	57.4	99.3	100.2
	1500	157.9	159.8	62.4	64.0	129.1	130.8
	1800	169.5	171.7	64.6	66.4	148.2	150.4
	2000	176.4	178.8	65.7	67.5	161.2	163.7
	2400	188.5	191.3	67.3	69.1	187.8	191.1
INT4	298	83.8	83.6	28.4	29.1	67.5	67.5
	400	93.1	93.2	34.9	35.9	70.7	70.8
	500	101.4	101.8	40.2	41.4	74.5	74.7
	600	109.2	109.8	44.5	45.7	78.8	79.1
	700	116.3	117.1	48.0	49.3	83.4	83.8
	800	122.9	123.9	50.9	52.3	88.3	88.9

续表

反应物	T/K	S_T^0 / (cal·mol^{-1}·K^{-1})		$C_p^0(T)$ / (cal·mol^{-1}·K^{-1})		$H_p^0(T)$ / (kcal·mol^{-1})	
		MS-T	MS-LQH	MS-T	MS-LQH	MS-T	MS-LQH
INT4	1000	134.8	136.0	55.4	56.8	99.0	99.8
	1500	158.7	160.6	62.2	63.8	128.6	130.2
	1800	170.2	172.4	64.5	66.2	147.6	149.7
	2000	177.1	179.5	65.6	67.3	160.6	163.1
	2400	189.2	191.9	67.2	69.0	187.2	190.4

注：能量零点设为全局势能最小值。

7.3.3 动力学分析

速率常数在 500～2000K 时的温度依赖性拟合为一个三参数函数：

$$k(T) = A \times T^n \times \exp(-E_a / RT) \qquad (7-2)$$

表 7-3 列出了高压极限速率常数的阿伦尼乌斯参数。

表 7-3　糠醇单分子解离基本路径的高压极限速率常数的阿伦尼乌斯参数

反应	$k(T) = A \times T^n \times \exp(-E_a / RT)$		
	A	n	E_a
R⟶INT1	3.42×10^{11}	0.57	69322
R⟶INT2	3.88×10^{10}	0.85	65028
R⟶INT3	2.83×10^{7}	1.62	67537
R⟶INT4	3.09×10^{8}	1.02	73630
R⟶INT5	2.86×10^{9}	1.10	75842
INT1⟶R	5.71×10^{11}	0.36	11916
INT1⟶INT1a	3.16×10^{10}	0.73	428
INT1a⟶INT1	1.80×10^{15}	−0.96	37201
INT1a⟶P1b+CO	5.40×10^{14}	−0.51	92740
INT1a⟶P1c+CO	2.35×10^{16}	−0.81	86328
INT1a⟶P1d+OCCHOH	1.54×10^{13}	−0.11	68683
INT1a⟶P1e+OCCHOH	1.46×10^{13}	−0.52	58922
INT1a⟶P1g+OCCH$_2$	4.37×10^{13}	−0.46	84702

反应	$k(T) = A \times T^n \times \exp(-E_a / RT)$		
	A	n	E_a
INT2 $\longrightarrow$ R	3.99×10^{11}	0.38	10103
INT2 $\longrightarrow$ P2a+OCCH$_2$	3.04×10^{11}	0.85	30834
INT3 $\longrightarrow$ R	5.77×10^{13}	−0.16	10764
INT3 $\longrightarrow$ INT3a	1.01×10^{15}	−0.40	2480
INT3a $\longrightarrow$ INT3	2.61×10^7	1.14	30068
INT3a $\longrightarrow$ P3d+CO	5.86×10^7	1.65	43984
INT3a $\longrightarrow$ P3f+H$_2$O	4.03×10^7	1.46	63881
INT4 $\longrightarrow$ R	2.96×10^{13}	−0.50	17187
INT4 $\longrightarrow$ P4a	$2.83E \times 10^{13}$	−0.07	8993
INT5 $\longrightarrow$ P5	3.73×10^9	0.41	13573

图 7-3 显示了糠醇在压力为 0.1atm 下热分解的速率常数。在温度范围为 500～800K 时，形成 P5 的反应途径占主导地位。然而，随着温度的升高，形成双分子产物 P3d 和 CO 的反应途径占主导地位。在整个研究温度范围内，形成 P5 的速率常数比形成 P4a 的速率常数高 1.7～8.5 倍。在低温下，形成 P1e + OCCHOH 的速率常数高于形成 P1d + OCCHOH 的速率常数，随着温度的升高，它们的竞争越来越激烈。例如，前者在 800K 时比后者高 7 倍，在 1000K 时高 3 倍，在 1500K 时高 1.2 倍。在压力为 0.1atm 和温度为 500～2000K 时，形成双分子产物 P3f + H$_2$O 的反应途径起次要作用。随着温度的降低，形成 P2a + OCCH$_2$ 的速率常数比形成 P3d + CO 的速率常数低 60%～85%。

图 7-4 显示了糠醇在 1 个大气压下的热分解的速率常数。在 1 个大气压下，低温产物主要是 P5。当温度到达 1100K 时，形成 P3d+CO 的速率常数几乎与形成 P5 的速率常数相同。在温度为 1200～2000K 时，形成 P3d+CO 的速率常数比形成 P5 的速率常数高 1.6～3.3 倍。在温度为 500～800K 时，形成 P2a+OCCH$_2$ 的速率常数略高于形成 P3d+CO 的速率常数 1.2～1.5 倍。然而，在温度为 900～2000K 时，形成 P3d+CO 的速率常数略高于形成 P2a+OCCH$_2$ 的速率常数 1.2～2.3 倍。形成 P4a 的反应路径在整个温度范围内具有强烈的温度依赖性。例如，形成 P4a 的速率常数在 2000K 时比 500K 时的高达 24 个数量级。在 $T \leqslant 1500K$ 时形成双分

子产物 P1e+OCCHOH 的反应途径为次要反应。随着温度的升高，形成双分子产物 P1e+OCCHOH 的反应途径与 P4a 的形成产生竞争。在温度为 1600～2000K 时，形成 P1e+OCCHOH 的速率常数比形成 P4a 的速率常数慢 60%～85%。压力相关性可从图 7-3 和图 7-4 看出。例如，在低温下，形成双分子产物 P2a+OCCH$_2$ 的反应路径对压力依赖性较弱。随着温度的升高，压力的影响逐渐变大，例如，在温度为 2000K 时，形成 P2a+OCCH$_2$ 的速率常数在 1atm 下比在 0.1atm 下高 3.5 倍。

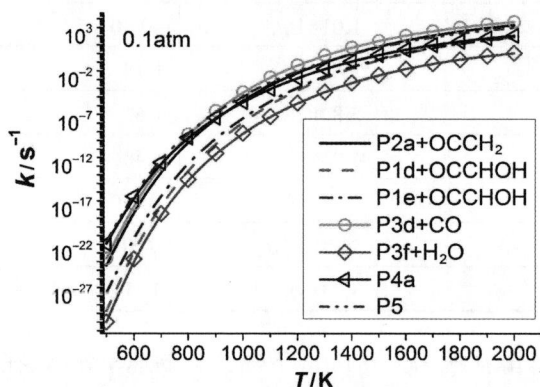

图 7-3　糠醇在 p=0.1atm 条件下的热分解速率常数

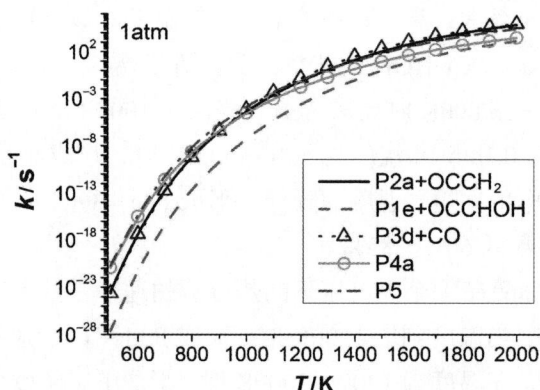

图 7-4　糠醇在 p=1atm 条件下的热分解速率常数

图 7-5 显示了糠醇在压力为 10atm 下热分解的速率常数。在温度为 500K 时，形成 P4a 的速率常数与形成 P5 的速率常数几乎相同。随着温度的升高（T>500K），形成 P5 速率常数比形成 P4a 速率常数高 1.6～7.4 倍。故在温度为 600～1200K 时，形成 P5 的反应途径起主导作用。然而，在温度为 1300～2000K 时，形成双分子

产物 P2a+OCCH$_2$ 的反应途径变得越来越具有竞争性，与其他反应途径相比，其起着主导作用。P3d 的反应路径具有较强的温度依赖性，例如，在温度为 2000K 时，形成 P3d+CO 的速率常数比在 500K 时高 29 个数量级。在温度为 500～1100K 时，形成双分子产物 P1e+OCCHOH 的速率常数比形成 P1d+OCCHOH 的速率常数高 2～128 倍。但是，随着温度的升高，偏差变小。到 1200K 时，它们几乎完全相同。在温度为 1400～2000K 时，形成双分子产物 P1e+OCCHOH 的速率常数比形成 P1d+OCCHOH 的速率常数低 30%～40%。

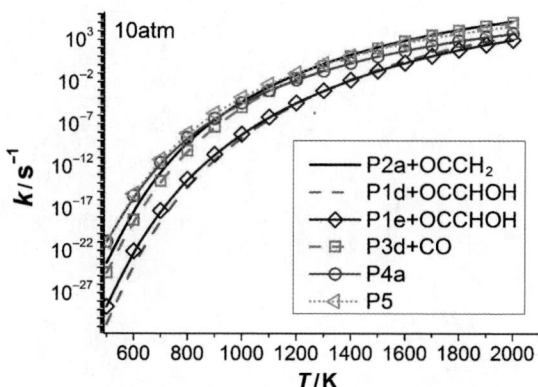

图 7-5　糠醇在 p=10atm 条件下的热分解速率常数

7.4　小　　结

对于糠醇燃料的燃烧过程，其在高温下主要以糠醇燃料的单分子解离为主导。本章采用了高精度量子化学方法 CCSD(T)-F12a/jun-cc-pVTZ//M052X/jun-cc-pVTZ 建立了糠醇（2FFOH）分解的势能面，考虑了多重结构和扭转非谐效应，确定了准确的热力学性质，计算了主要反应途径的温度和压力相关的速率常数。

热力学结果表明，多结构扭转非谐性起主要作用，例如 MS-LQH 方法低估了熵值，但在较高温度下高估了熵值。中间体 INT2 主要由 1,2 H 迁移反应形成。中间体解离的高势垒，导致最终双分子产物的形成。详细讨论了这些主要反应途径的温度和压力相关速率常数。动力学结果表明，当压力低于 1atm 时，3-丁炔-1-醇和一氧化碳的双分子形成在高温下起主导作用。在高压下，当温度低于 1200K 时，稳定的六元环物种（P5）的形成超过其他反应途径。然而，随着温度的升高，炔丙醇和乙烯酮的双分子形成变得越来越重要。

通过对糠醇燃料和其单分子解离过程中产生的物质的分析和讨论得到，糠醇燃料在高温燃烧时（等效于本书中糠醇分子单分子解离时），糠醇燃料相对于汽油和柴油等传统的化石燃料，不会产生对环境有害的颗粒物等，且通过对糠醇单分子解离路径的探究，得到了宽范围温度和压力下，主要物质的分布，为内燃机的高效清洁燃烧设计和其作为替代燃料用于内燃机上提供了基础。

第8章　糠醇燃料与氧气的燃烧反应动力学及机理研究

8.1　引　言

近年来，由于化石燃料的燃烧，不仅产生了对人体有害的物质，且其产生的二氧化碳急剧增加，石油等不可再生资源的枯竭和全球气候的变暖这两大问题一直困扰着人类，为了减轻和解决这两大难题，抵制它们所带来的危害，迫切需要寻找一种能替代传统化石燃料的可再生能源，近年来，生物质燃料因其良好的燃烧效果和对环境友好等优点得到了快速发展，现如今被许多国家允许其与传统不可再生燃料混合用于交通运输。含氧生物质燃料呋喃和其衍生物不管在物理还是化学性质上都与汽油类似，也容易制造，优点众多。因此，详细了解呋喃及其衍生物的动力学和热力学行为，对于其作为化石能源的替代燃料用于交通运输行业具有重要意义。

对于具有烷基取代基的呋喃，如 2,5-二甲基呋喃（25DMF）和 2-甲基呋喃（2MF）已被广泛研究。前人对呋喃的热解、呋喃的氧化和呋喃的催化升级进行了研究，然而，迄今为止，对 2-呋喃即糠醇（2FFOH）反应的化学反应动力学及机理的研究有限。并且，官能团的异同对反应动力学的研究也会产生差异。糠醇与其他烷基取代呋喃与氧气反应的异同尚不清楚。因此，对糠醇低温氧化动力学的理论研究对于进一步探索此类生物燃料的潜在性能具有重要意义。

如图 8-1 所示，对于糠醇，从呋喃环和羟甲基中发生 H 提取的途径有四种。在之前的研究中证实，由于羟甲基的 C—H 键相较呋喃环中的 C—H 键较弱，从羟甲基中提取 H 的反应速率比其他反应速率快。因此，在糠醇燃料的低温氧化过程中，只考虑了糠醇自由基（furylCHOH，图中记为 R）与 O_2 的反应途径。本章基于从头算方法结合过渡态理论（TST）和 RRKM/主方程理论，研究了糠醇低温氧化的反应途径、热力学和动力学信息，详细讨论了不同温度和压力范围内相关的速率常数和产物分布。为进一步研究呋喃类生物燃料提供非常有意义的理论基础。

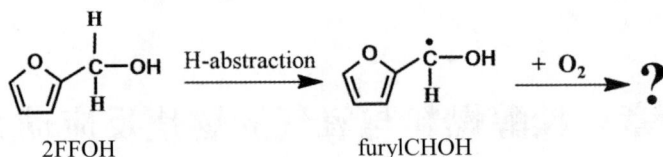

图 8-1　糠醇氧化机理

8.2　理 论 方 法

8.2.1　量子化学

根据以往对呋喃类燃料的大量研究表明，M05-2X/jun-cc-pVTZ 方法更适合用于该体系，该方法被广泛应用于各种呋喃类生物质燃料中，既在成本上得到了合理的控制，也保证了更高的精度。在本章中，使用 M05-2X/jun-cc-pVTZ 方法对反应物、过渡态和产物的初始构象进行了几何优化和振动频率的计算。为了保证所得到的结果的准确性，无论是几何优化还是自洽场计算都严格按照收敛准则进行。除此之外，还进行了内禀反应坐标分析，以确保过渡态连接到正确的反应物和生成物上。然后在 CCSD(T)/CBS 理论水平上获得单点能量。根据 Dunning 等的理论，CCSD(T)能量可以特别外推到完全基组（CBS）能量极限。具体表达式如下：

$$E_{CCSD(T)/CBS} = E_{CCSD(T)/cc\text{-}pVTZ} + (E_{CCSD(T)/cc\text{-}pVTZ} - E_{CCSD(T)/cc\text{-}pVDZ})\, 3^4/(4^4 - 3^4)$$
$$+ E_{MP2/cc\text{-}pVQZ} + (E_{MP2/cc\text{-}pVQZ} - E_{MP2/cc\text{-}pVTZ})\, 4^4/(5^4 - 4^4)$$
$$-E_{MP2/cc\text{-}pVTZ} - (E_{MP2/cc\text{-}pVTZ} - E_{MP2/cc\text{-}pVDZ})\, 3^4/(4^4 - 3^4) \qquad (8\text{-}1)$$

该计算方法被称为获得精确单点能量的有效方法之一。本章所有的量子化学计算都使用 Gaussian 16 软件进行。

8.2.2　热力学与动力学

本章的热力学性质采用 CCSD(T)/CBS//M05-2X/jun-cc-pVTZ 方法计算，包括温度范围为 500～2000K 的焓值、熵值和热容值。

采用 RRKM/主方程理论计算温度和压力相关的速率常数。由于振动频率分析是在 M05-2X/jun-cc-pVTZ 水平上进行的，因此，使用 Merrick 及其同事在之前的研究中推荐的 0.985 的频率校正因子对计算出的谐波振动频率进行校准。除了低频扭转运动对应的振型外，还采用刚性转子谐振子模型。在计算配分函数时，将这些低频扭转运动视为一维受阻内转子法。在 M05-2X/jun-cc-pVTZ 水平上，以距离旋转坐标 10° 为间隔进行柔性扫描。Eckart 修正被用来解释隧道效应。用最常用的单指数下降模型来描述碰撞能量转移的概率。碰撞能量传递概率由经典指数计算公式为

$$\langle \Delta E \rangle = 300(T/300)^{0.85} \qquad (8\text{-}2)$$

根据 Constantinou 和 Gani 提出的估算临界温度（T_c）和临界压力（p_c）的群贡献方法，利用经验方程估算了用于计算碰撞频率的物种的碰撞直径 σ 和势能阱深度 ε 的 Lennard-Jones 势参数：$\sigma = 2.44(T_c/p_c)^{1/3}$ 和 $\varepsilon/k_B = 0.77T_c$。以氩浴气为第三体的动力学模拟，Lennard-Jones 参数为 $\sigma = 5.7$Å 和 $\varepsilon = 539$K。

动力学计算采用 MESS 软件进行，研究条件为：温度 500～2000K，压力 0.01～100atm。

8.3　结果与讨论

8.3.1　反应路径分析

采用 CCSD(T)/CBS//M05-2X/jun-cc-pVTZ 方法计算的 furylCHOH（图中标记为 R）+ O_2 的零点能的能量分布如图 8-2 所示，图中单位为 kcal·mol^{-1}。一般来说，三基态氧气在低温氧化中倾向于进攻有未配对电子的位点，与简单烷基自由基中未配对电子主要分布在脱烃原子上不同，这里 R 的自旋密度表明未配对电子主要分布在三个不同的碳原子上（即 α、γ 和 ε 位），因此本章考虑了三种不同入口通道。如图 8-2 所示，本章首先考虑三种过氧化物（$RO_{2\alpha}$、$RO_{2\gamma}$ 和 $RO_{2\varepsilon}$）的形成，然后这三种过氧化物进行 H 迁移或者分解成后续产物。

氧气加成到链烷基自由基上几乎是无势垒的。但是，氧气加入糠醇自由基后出现明显的过渡态。如图 8-2 所示，TS1、TS2 和 TS3 生成的过氧化物的三个加成反应均为放热反应。同时，分析了反应物、中间体和过渡态的 T1 诊断值，发现除 TS1 外，其他的闭壳层的 T1 诊断值均小于 0.02，开壳层的 T1 诊断值均小于 0.045，表现出单一参考特征，均符合标准。TS1 的 T1 诊断值较大，这表明需要使用多参考态方法。因此，采用多参考态的二级微扰理论（CASPT2）方法结合 cc-pVDZ 基组对 TS1 进行优化。当氧气加入羟亚甲基位置（C_α）时，需要克服 7.26kcal·mol^{-1} 的能垒。当氧气加入呋喃环位（C_γ 和 C_ε）时，它们需要克服相对较低的能垒（即 2.35kcal·mol^{-1} 和 3.01kcal·mol^{-1}）。生成的过氧化物 $RO_{2\alpha}$ 远比 $RO_{2\gamma}$

和 $RO_{2\varepsilon}$ 稳定，这与 Yuanyuan Li 等对 $furylCH_2 + O_2$ 体系的反应的结果相似，但是，反应能垒却不同于 $furylCH_2 + O_2$ 体系，这反映了分子结构的特殊性。

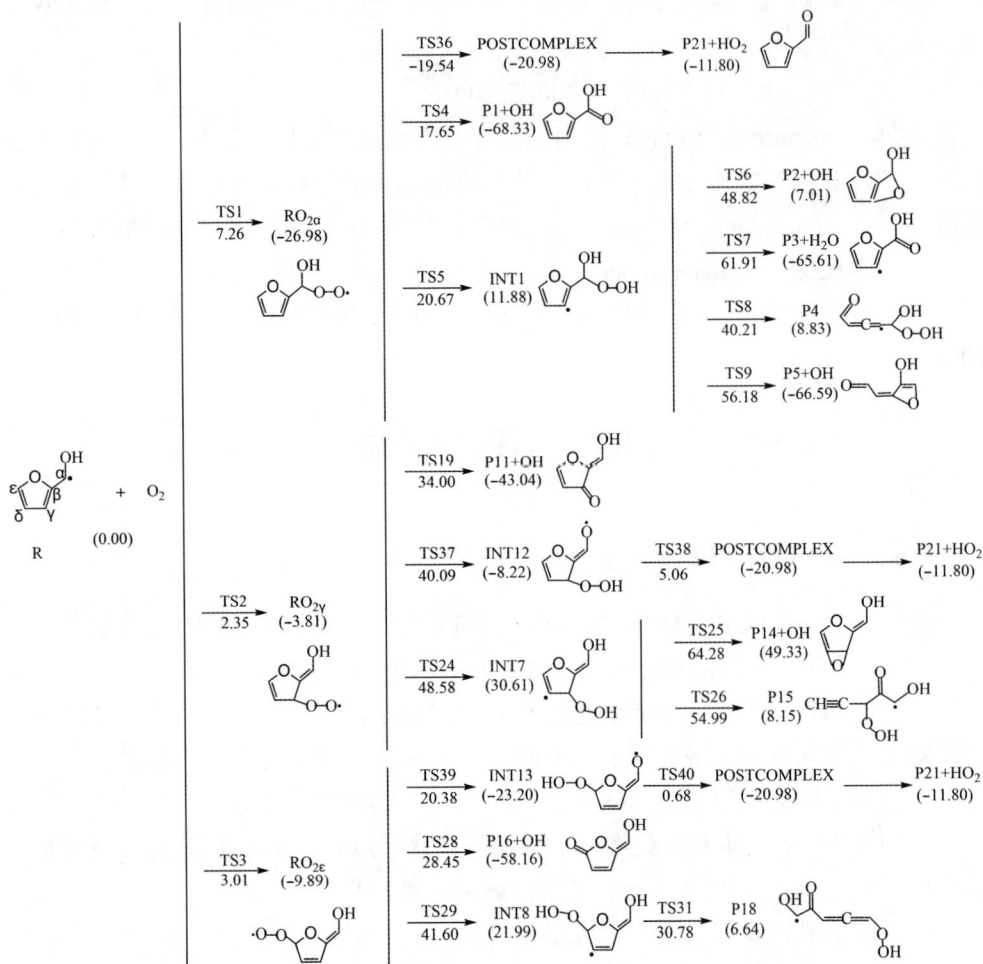

图 8-2 furylCHOH (R) + O_2 在 CCSD(T)/CBS//M05-2X/jun-cc-pVTZ 能级的能量示意图

这三种过氧化物（$RO_{2\alpha}$、$RO_{2\gamma}$ 和 $RO_{2\varepsilon}$）的整个后续途径都相当复杂。如图 8-2 所示，将从三个方面讨论后续的异构化和断键路径。

（1）$RO_{2\alpha}$ 的后续：通过 1,4 H 迁移，$RO_{2\alpha}$ 可以通过克服 -19.54 kcal·mol^{-1} 的能量势垒（TS36）形成一个后驱物（势能为 -20.98 kcal·mol^{-1}）。后驱物不稳定，直接破坏 C—O 键，生成双分子产物糠醛和 HO_2，即 P21+HO_2。$RO_{2\alpha}$ 还可以通过

1,3 H 迁移和 O—O 键断裂形成 2-糠酸（P1）和 OH，这需要克服 17.65kcal·mol^{-1} 的能量势垒（TS4）。RO$_{2\alpha}$ 可以发生分子内 1,5 H 迁移形成过氧烷基自由基（INT1），然后分解成 OH 和酮类氢过氧化物（KHP）或经历第二次氧气加成机制。因此，由 1,5 H 迁移形成的 INT1 对于链分支是至关重要的。中间体 INT1（11.88kcal·mol^{-1}）是由 RO$_{2\alpha}$ 通过从 C$_{\gamma}$ 到 O 的 1,5 H 迁移产生的，需要跨过的能垒为 20.67kcal·mol^{-1}（TS5）。INT1 的能量比 RO$_{2\alpha}$ 高 38.86kcal·mol^{-1}。然后，INT1 通过 C$_{\beta}$—O 键开裂（即开环反应）解离成 P4（8.83kcal·mol^{-1}），能垒为 40.21kcal·mol^{-1}（TS8）。INT1 也可以去羟基化，同时 C$_{\gamma}$—O 通过 TS6 环化（48.82kcal·mol^{-1}），形成环醚（P2）和 OH（7.01kcal·mol^{-1}）。INT1 可以跨过 TS9（56.18kcal·mol^{-1}）形成 P5 和 OH（–66.59kcal·mol^{-1}），并通过 H 转移和同时消除 H$_2$O 形成稳定的双分子产物 P3 和 H$_2$O（–65.61kcal·mol^{-1}）。

（2）RO$_{2\gamma}$ 的后续：RO$_{2\gamma}$ 可以通过克服 40.09kcal·mol^{-1}（TS37）的能垒异构为中间体 INT12。然后，INT12 跨越 TS38（5.06kcal·mol^{-1}）形成后驱物，该后驱物不稳定，直接破坏 C$_{\alpha}$—O 键，形成双分子产物糠醛（P21）和 HO$_2$。RO$_{2\gamma}$ 通过 1,3 H 迁移和 O—O 键断裂形成 P11 和 OH（–43.04kcal·mol^{-1}），通过 34.00kcal·mol^{-1} 的低能势垒（TS19）。RO$_{2\gamma}$ 可通过 1,4 H 迁移到 TS24（48.58kcal·mol^{-1}）形成中间体 INT7。INT7 是不稳定的，势能比 RO$_{2\gamma}$ 高 34.42kcal·mol^{-1}。INT7 可以通过 TS26（54.99kcal·mol^{-1}）通过开环机制生成 P15。INT7 还能在 O—O 键断裂的同时，形成新的 C$_{\delta}$—O 键，这需要克服 TS25 的高势垒（64.28kcal·mol^{-1}）进而形成 P14 和 OH（49.33kcal·mol^{-1}）。

（3）RO$_{2\varepsilon}$ 的后续：RO$_{2\varepsilon}$ 可以通过 1,7 H 迁移克服 20.38kcal·mol^{-1}（TS39）的能量势垒，形成中间体 INT13。然后，INT13 可以通过克服 0.68kcal·mol^{-1}（TS40）的能垒形成后驱物，然后直接分解为糠醛和 HO$_2$。这与 RO$_{2\gamma}$ 形成糠醛和 HO$_2$ 的反应是相似的。RO$_{2\varepsilon}$ 通过 1,3 H 迁移和 O—O 键断裂跨过 28.45kcal·mol^{-1}（TS28）的能垒形成 P16 和 OH（–58.16kcal·mol^{-1}），这与 RO$_{2\gamma}$ 通过 H 迁移和 O—O 键断裂生成 P11 和 OH 类似。RO$_{2\varepsilon}$ 可以越过 41.60kcal·mol^{-1}（TS29）的能量势垒，通过从呋喃环向氧自由基的 H 迁移生成中间体 INT8（21.99kcal·mol^{-1}）。INT8 能通过 C—O 键裂解（开环反应）形成 P18（6.64kcal·mol^{-1}），能垒为 30.78kcal·mol^{-1}（TS31）。

8.3.2　热力学性质

表 8-1 列出了一些主要物种在 500～1500K 宽温度范围内的热力学计算结果。对于三种过氧化物（即 RO$_{2\alpha}$、RO$_{2\gamma}$ 和 RO$_{2\varepsilon}$），由于它们的分子结构不同，则表现

出不同的热力学性质。例如，$RO_{2\alpha}$ 和 $RO_{2\gamma}$ 相对于 $RO_{2\epsilon}$ 的熵偏差分别为 14.97～15.76cal·mol^{-1}·K^{-1} 和 3.46～3.81cal·mol^{-1}·K^{-1}。然而，在整个研究温度范围内，焓值和热容值基本相同。中间体 INT7 和 INT8 具有几乎相同的热力学性质，在 500～1500K 温度范围内，熵、焓和热容的最大偏差分别为 0.16cal·mol^{-1}·K^{-1}、0.04cal·mol^{-1}·K^{-1} 和 0.07cal·mol^{-1}·K^{-1}。这是因为 INT7 和 INT8 都是通过从呋喃环到氧自由基的 1,4 H 迁移形成的。生成中间体 INT12 和 INT13 的反应相似，都是通过从 =CHOH 基团到氧自由基的 H 迁移，因此 INT12 和 INT13 的热力学数据相似。

表 8-1　一些主要物种的标准态熵、热容和相对焓

T/K	500	600	700	800	1000	1200	1500
$RO_{2\alpha}$							
S_T^0 / (cal·mol^{-1}·K^{-1})	112.56	121.12	129.02	136.32	149.38	160.75	175.41
$C_p^0(T)$/ (cal·mol^{-1}·K^{-1})	44.51	49.35	53.14	56.17	60.72	63.97	67.35
$H_p^0(T)$/ (kcal·mol^{-1})	75.92	80.62	85.75	91.23	102.94	115.43	135.16
$RO_{2\gamma}$							
S_T^0 / (cal·mol^{-1}·K^{-1})	100.26	109.03	117.11	124.55	137.83	149.38	164.26
$C_p^0(T)$/ (cal·mol^{-1}·K^{-1})	45.74	50.49	54.22	57.20	61.71	64.94	68.32
$H_p^0(T)$/ (kcal·mol^{-1})	75.89	80.71	85.95	91.53	103.44	116.13	136.15
$RO_{2\epsilon}$							
S_T^0 / (cal·mol^{-1}·K^{-1})	96.80	105.48	113.48	120.87	134.09	145.60	160.45
$C_p^0(T)$/ (cal·mol^{-1}·K^{-1})	45.18	50.00	53.80	56.85	61.46	64.76	68.20
$H_p^0(T)$/ (kcal·mol^{-1})	75.82	80.59	85.79	91.32	103.18	115.82	135.80
INT1							
S_T^0 / (cal·mol^{-1}·K^{-1})	113.19	121.83	129.78	137.11	150.21	161.60	176.27
$C_p^0(T)$/ (cal·mol^{-1}·K^{-1})	45.03	49.70	53.41	56.39	60.88	64.06	67.30
$H_p^0(T)$/ (kcal·mol^{-1})	76.13	80.88	86.04	91.54	103.29	115.80	135.54
INT7							
S_T^0 / (cal·mol^{-1}·K^{-1})	97.57	106.36	114.44	121.89	135.17	146.73	161.64
$C_p^0(T)$/ (cal·mol^{-1}·K^{-1})	45.87	50.55	54.24	57.22	61.75	65.03	68.46
$H_p^0(T)$/ (kcal·mol^{-1})	75.80	80.63	85.88	91.46	103.38	116.07	136.13

续表

T/K	500	600	700	800	1000	1200	1500
INT8							
S_T^0 / (cal·mol^{-1}·K^{-1})	97.69	106.48	114.56	122.01	135.31	146.88	161.79
$C_p^0(T)$/ (cal·mol^{-1}·K^{-1})	45.83	50.54	54.26	57.26	61.81	65.08	68.45
$H_p^0(T)$/ (kcal·mol^{-1})	75.76	80.59	85.84	91.42	103.35	116.06	136.13
INT12							
S_T^0 / (cal·mol^{-1}·K^{-1})	112.31	121.08	129.18	136.66	150.03	161.64	176.55
$C_p^0(T)$/ (cal·mol^{-1}·K^{-1})	45.61	50.58	54.47	57.55	62.08	65.20	68.36
$H_p^0(T)$/ (kcal·mol^{-1})	75.30	80.12	85.38	90.99	102.98	115.73	135.80
INT13							
S_T^0 / (cal·mol^{-1}·K^{-1})	111.12	119.90	128.03	135.55	149.00	160.70	175.72
$C_p^0(T)$/ (cal·mol^{-1}·K^{-1})	45.58	50.68	54.70	57.89	62.53	65.69	68.81
$H_p^0(T)$/ (kcal·mol^{-1})	75.28	80.11	85.38	91.02	103.09	115.93	136.15

注：能量的零被设为全局最小值的势能。

8.3.3　动力学分析

（1）氧气加入糠醇自由基中：高压极限速率常数拟合为三个参数的阿伦尼乌斯速率表达式，如表 8-2 所示。图 8-3 显示了不同压力下 O_2 加成反应（R1～R3）的速率常数。如图 8-3（a）所示，三个反应通道的高压极限速率常数通常随温度的升高而升高。$RO_{2\alpha}$ 的形成（R1）比 $RO_{2\gamma}$ 和 $RO_{2\epsilon}$ 的形成具有更明显的温度依赖性。从图 8-3（b）～（d）的压力相关速率常数图可以看出，三条反应途径的速率常数均为正压力依赖性。$RO_{2\alpha}$ 通道的速率常数（R1）随着压力的增加显著增加，如图 8-3（b）所示。例如，在温度为 500K 时，速率常数 k_1 从压力为 0.01atm 时的 2.85×10^{-22} cm^3·mol^{-1}·s^{-1} 增加到压力为 100atm 时的 9.88×10^{-19} cm^3·mol^{-1}·s^{-1}。在 p=100atm 时，速率常数 k_1 从 500K 时的 9.88×10^{-19} cm^3·mol^{-1}·s^{-1} 增加到 1000K 时的 3.31×10^{-16} cm^3·mol^{-1}·s^{-1}。$RO_{2\gamma}$ 形成通道（R2）的速率常数随温度的升高而增大。但 $RO_{2\epsilon}$ 的形成通道（R3）不同于 R1 和 R2，如在 0.01atm 时，速率常数呈现弱的负温度依赖性，如图 8-3（d）所示，在 p=0.01atm 时，速率常数 k_3 从 500K 时的 1.18×10^{-16} cm^3·mol^{-1}·s^{-1} 下降到 700K 时的 1.10×10^{-16} cm^3·mol^{-1}·s^{-1}。这可以

归因于低压下的逆反应的反应平衡。

表 8-2　在 500~2000K 温度范围内的高压极限速率常数的阿伦尼乌斯参数

	反应	A	n	E_a
R1	$R + O_2 \longrightarrow RO_{2\alpha}$	5.78×10^{-20}	1.96	5.81
R2	$R + O_2 \longrightarrow RO_{2\gamma}$	1.41×10^{-21}	2.24	0.90
R3	$R + O_2 \longrightarrow RO_{2\varepsilon}$	2.11×10^{-20}	1.95	1.80

注：$k = A \times T^n \times \exp(-E_a/RT)$（$E_a$ 以 kcal·mol^{-1} 为单位，双分子反应的 A 以 cm^3·mol^{-1}·s^{-1} 为单位）。

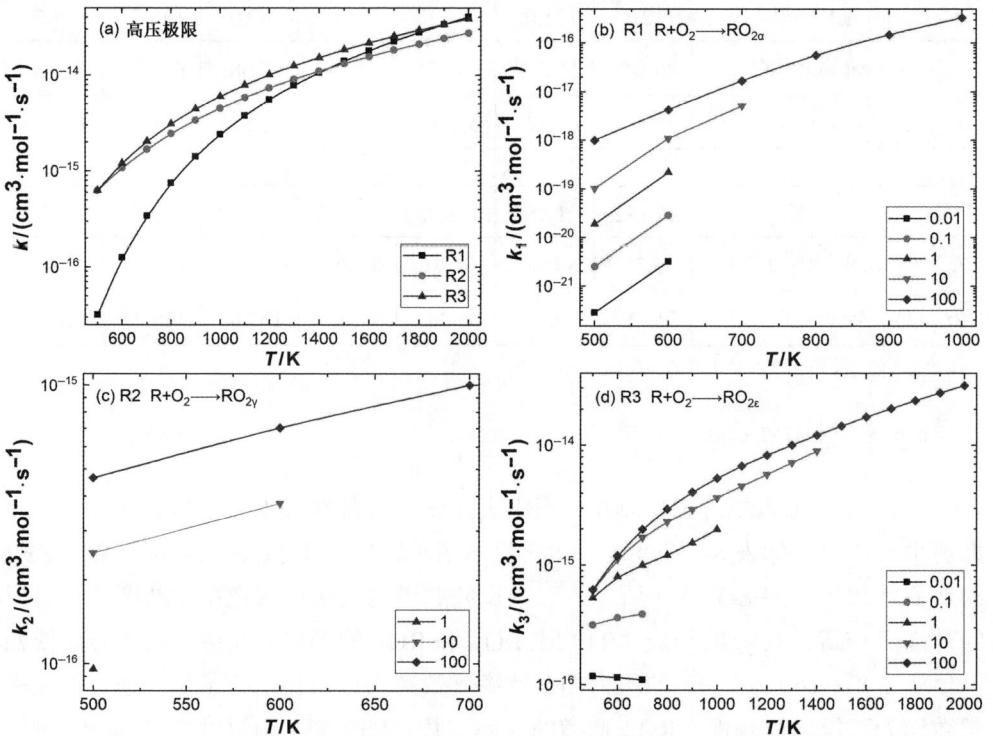

图 8-3　三种过氧化物形成的高压极限和与压力相关的速率常数

（2）过氧化物的演化：表 8-3 列出了在 500~2000K 温度范围内，高压极限条件下过氧化物分解反应的三参数阿伦尼乌斯系数。图 8-4 显示了在 500~2000K 温度范围内，三种过氧化物后续反应路径的高压极限速率常数。路径 R6 的高压极限速率常数比 R4 快，但两者随温度的变化趋势相似。路径 R6 的高压极限速率常数从温度为 500K 时的 3.55×10^{-7}s^{-1} 增加到 2000K 时的 2.01×10^8s^{-1}，路径 R4 的高压极限速率常数从 500K 时的 4.30×10^{-9}s^{-1} 增加到 2000K 时的 1.39×10^7s^{-1}，增加了 16 个数量级。$RO_{2\alpha}\longleftrightarrow INT1$ 通过分子内 1,5 H 迁移的缓慢反应表明氧化反应的缓慢趋势，这将导致 KHP 的生成减少。路径 R9 和 R13 的高压限制速率常数大于其他反应，这可以归因于这样一个事实：过渡态 TS2（2.35kcal·mol^{-1}），TS3（3.01kcal·mol^{-1}）远远低于其他路径（见图 8-2）。除了路径 R8 和 R12，其他路径的高压限制速率常数与能垒展示出良好的正相关，这是由熵影响的，特别是在高温下。

表 8-3　过氧化物分解的阿伦尼乌斯参数

路径	反应	A	n	E_a
R4	$RO_{2\alpha}\longrightarrow INT1$	4.38×10^6	1.63	44.30
R5	$RO_{2\alpha}\longrightarrow R + O_2$	3.27×10^{12}	0.38	34.50
R6	$RO_{2\alpha}\longrightarrow P1 + OH$	4.51×10^8	1.31	42.60
R7	$RO_{2\gamma}\longrightarrow INT7$	6.21	3.20	42.90
R8	$RO_{2\gamma}\longrightarrow INT12$	1.18×10^7	1.15	39.60
R9	$RO_{2\gamma}\longrightarrow R + O_2$	7.51×10^{10}	0.57	5.93
R10	$RO_{2\gamma}\longrightarrow P11 + OH$	9.81×10^8	1.03	35.4
R11	$RO_{2\varepsilon}\longrightarrow INT8$	2.07×10^3	2.12	43.6
R12	$RO_{2\varepsilon}\longrightarrow INT13$	8.01×10^{-15}	6.63	8.40
R13	$RO_{2\varepsilon}\longrightarrow R + O_2$	3.64×10^{13}	−0.49	13.6
R14	$RO_{2\varepsilon}\longrightarrow P16 + OH$	1.71×10^9	0.58	35.70

注：$k = A \times T^n \times \exp(-E_a/RT)$（$E_a$ 以 kcal·mol^{-1} 为单位，单分子反应的 A 以 s^{-1} 为单位）。

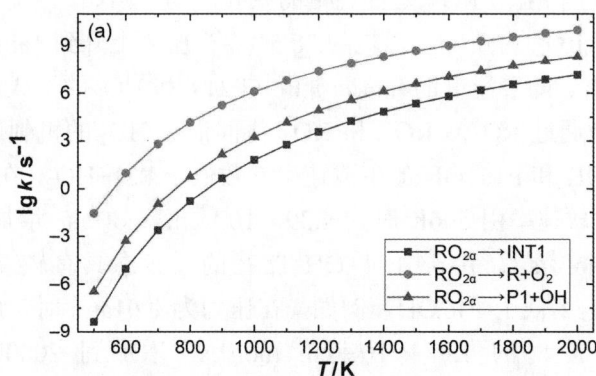

图 8-4（一）　在 500~2000K 温度范围内，三个过氧化物反应路径的高压极限速率常数

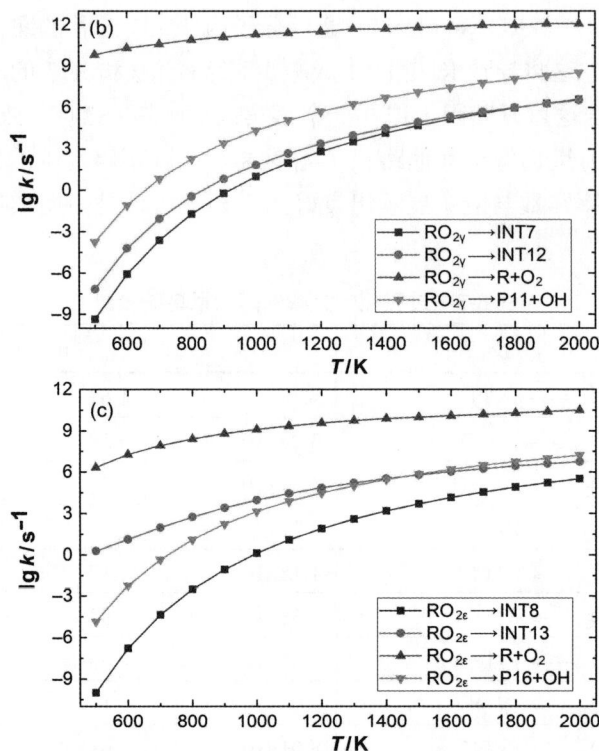

图 8-4（二）　在 500～2000K 温度范围内，三个过氧化物反应路径的高压极限速率常数

（3）与温度和压力相关的物种分布：根据上述能量示意图计算了 $R+O_2$ 在压力为 0.01atm 和 1atm 条件下各反应途径的速率常数 $k(T, p)$，如图 8-5 和图 8-6 所示。由图可知，过氧化物 $RO_{2\varepsilon}$ 是低温下的主要产物。例如，当温度为 500K，压力为 0.01atm 时，$RO_{2\varepsilon}$ 占反应物消耗的 78.5%；当压力上升到 1atm 时，$RO_{2\varepsilon}$ 占反应物消耗的 80.6%。随着温度的升高，糠醛（P21）和 HO_2 的形成占主导地位，因为糠醛（P21）是通过 $RO_{2\alpha}$、$RO_{2\gamma}$ 和 $RO_{2\varepsilon}$ 协同消除 HO_2 的机制形成的。其次，双分子产物 P1+OH 和 P16+OH 的生成速率常数低于 $P21+HO_2$，在压力为 0.01atm 时，P1+OH 的生成速率由 500K 时的 $4.39 \times 10^{-27} cm^3 \cdot mol^{-1} \cdot s^{-1}$ 增加到 2000K 时的 $2.33 \times 10^{-17} cm^3 \cdot mol^{-1} \cdot s^{-1}$。由于 P11+OH 路径的过渡态具有较高的能垒，因此 P11+OH 的生成速率低于 P1+OH，例如，在压力为 0.01atm 时，P11+OH 的生成速率常数由 500K 时的 $1.68 \times 10^{-29} cm^3 \cdot mol^{-1} \cdot s^{-1}$ 增加到 2000K 时的 $3.10 \times 10^{-18} cm^3 \cdot mol^{-1} \cdot s^{-1}$。P2+OH、P3+$H_2O$、P4、P5+OH 和 P18 的生成量相对较低。它们的生成速率随温度的升高而迅速增加，表现出对温度的强烈依赖性，例如，压

力为 1atm 时，P2+OH 的生成速率常数在温度从 500～2000K 时变化高达 18 个数量级。由于生成 P14+OH 和 P15 这两条路径需要跨越较高的能量势垒，故这两条路径在低温下非常缓慢，但随温度的增加迅速升高，对温度非常敏感。

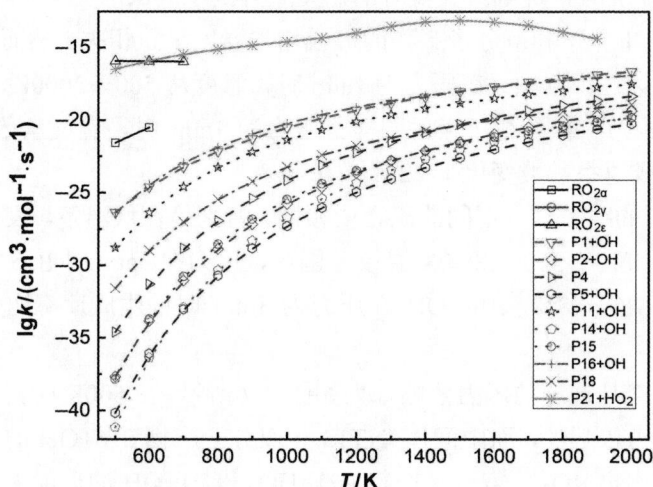

图 8-5　furylCHOH(R)+ O$_2$ 在 p=0.01atm 下的主要路径的速率常数

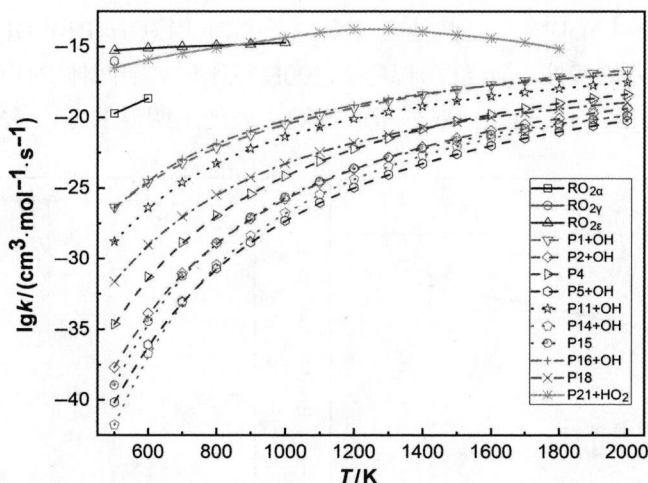

图 8-6　furylCHOH(R)+ O$_2$ 在 p=1atm 下的主要路径的速率常数

通过以上分析，可以得出以下三点。

（1）在整个研究温度范围内，P21+HO$_2$ 的生成率是占绝对主导的，在压力为

0.01atm，温度为 700K 时，P21+HO$_2$ 的生成率占反应物总消耗的 76%，当 $T>800K$ 时，P21+HO$_2$ 的生成率占反应物总消耗的 95% 以上。P21+HO$_2$ 的生成速率常数随温度升高而减小，在压力为 1atm 时，温度达到 1300K 左右时达到最大值。当压力降低到 0.01atm 时，达到最大值时的温度上升到 1500K 左右。

（2）其他单分子和双分子产物的形成均与温度呈正相关。然而，表现出不同程度的温度依赖性：例如，在压力为 1atm 时，温度从 500～2000K，P1+OH 的生成速率常数变化了 10 个数量级；同样在压力为 1atm 时，温度从 500～2000K，P14+OH 的生成速率常数变化了 22 个数量级。

（3）不同的路径具有不同的压力依赖性，特别是在低温下，表现出明显的压力依赖性：例如，在 500～2000K 温度范围内，压力在 1atm 时 P15 的生成速率比 0.01atm 时慢 8%～48%。P14+OH 在压力为 1atm 时的生成速率比 0.01atm 时慢 20%～49%。

一些主要产品通道的压力依赖行为如图 8-7 所示。在 500K 时，过氧化物 RO$_{2\alpha}$ 的形成呈正压力依赖性，而中间体 INT13 和双分子产物 P16+OH 的形成呈负压力依赖性。过氧化物 RO$_{2\varepsilon}$、双分子产物 P21+HO$_2$ 和 P1+OH 的形成无明显的压力依赖性。当温度升高到 900K 时，INT13 的形成呈现正压力依赖性。例如，INT13 的生成速率常数从压力为 0.01atm 时的 6.03×10^{-23} cm^3·mol^{-1}·s^{-1} 增加到 100atm 时的 3.36×10^{-21} cm^3·mol^{-1}·s^{-1}，而其他三种双分子产物（P1+OH、P16+OH 和 P21+HO$_2$）没有明显的压力依赖性。当温度升高到 1200K 以上时，中间体 INT13 仍表现出明显的压力依赖性，而其他三种双分子产物均不表现出明显的压力依赖性。

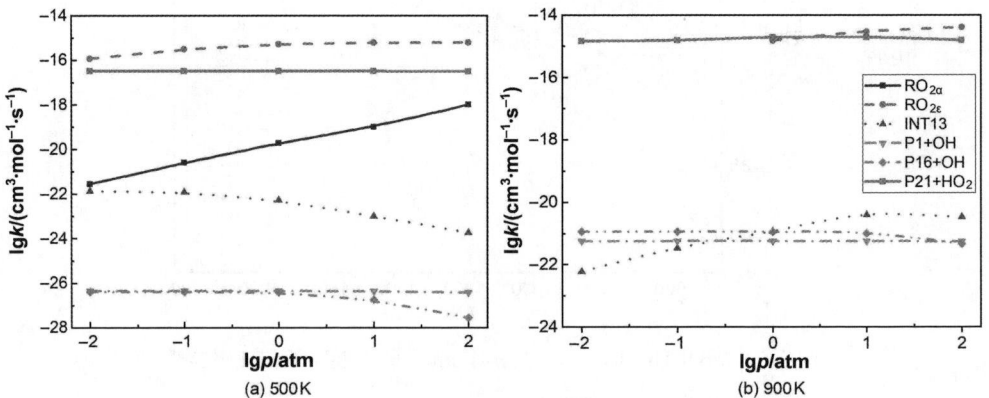

图 8-7（一）　furylCHOH（R）+ O$_2$ 在 500K、1200K 和 1600K 时主要产物的
压力相关速率常数

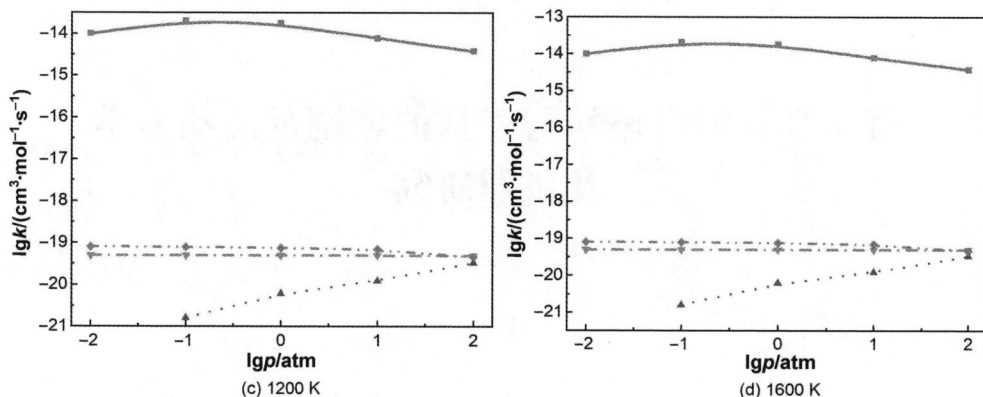

图 8-7（二）　furylCHOH（R）+ O$_2$ 在 500K、1200K 和 1600K 时主要产物的
压力相关速率常数

8.4　小　结

本章采用了高精度量子化学方法 CCSD(T)/CBS//M05-2X/jun-cc-pVTZ 建立了糠醇自由基与氧气反应的势能面，进行了内禀反应坐标分析，以确保过渡态连接的正确性，确定了热力学性质和主要反应途径的温度和压力相关的速率常数。

通过反应途径分析表明，氧气加入呋喃自由基后，越过 2.35～7.26kcal·mol^{-1} 的能垒，生成 RO$_{2\alpha}$、RO$_{2\gamma}$ 和 RO$_{2\varepsilon}$ 三个过氧化物自由基。研究了 RO$_{2\alpha}$、RO$_{2\gamma}$ 和 RO$_{2\varepsilon}$ 可能的后续反应途径。分析了每种产物的温度和压力依赖性。结果表明，在低温条件下，过氧化物 RO$_{2\varepsilon}$ 是主要产物，当温度为 500K，压力为 0.01atm 时，RO$_{2\varepsilon}$ 占反应物消耗的 78.5%；当压力上升到 1atm 时，RO$_{2\varepsilon}$ 占反应物消耗的 80.6%。此外，在研究的温度和压力范围内，糠醛（P21）和 HO$_2$ 是主要产物（例如，在压力 0.01atm 和温度 700K 时，它占反应物总消耗量的 76%）。RO$_{2\alpha}$⟷INT1 通过分子内 1,5 H 迁移反应的缓慢，表明氧化反应速度较慢，这将导致 KHP 产物的生成较少。

通过对糠醇自由基与氧气反应过程中产生的物质的分析和讨论得到，糠醇自由基与氧气的反应会产生糠醛和一些其他的物质，其所生成的产物均不会对环境造成破坏，且通过路径的探究，得到了一定温度和压力下主要产物的分布，为糠醇燃料实际应用于内燃机上以减轻国家在交通部门的成本提供了理论基础。

第 9 章 糠醇燃料与羟基的燃烧反应动力学及机理研究

9.1 引　言

为了减少传统化石燃料燃烧过程中污染物的释放，含氧碳氢生物燃料越来越受到关注。呋喃生物燃料是一种价格低廉、环境友好的能源，是公认的有前途的化石燃料候选者。呋喃生物燃料替代传统燃料不仅具有以第二代生物质为原料的大规模生产的优势，而且在发动机工作条件下具有优异的性能。

呋喃、2-甲基呋喃（2MF）、2,5-二甲基呋喃（25DMF）和糠醛等含有呋喃环的生物质燃料，在热解、氧化、燃烧、点火延迟时间等方面被广泛研究。然而，对糠醇（2FFOH）化学反应动力学的研究却很有限。另一方面，一般认为燃料与小自由基，如 H 或羟基自由基（OH）的反应在燃烧的初始阶段起主导作用。H 或羟基自由基（OH）与呋喃生物燃料（即呋喃、2MF 和 25DMF）的反应已被广泛研究。

呋喃环是一种杂环不饱和有机化合物，呋喃生物燃料与羟基的反应包括环上或取代基上的 H 提取和呋喃环上的 OH 加成，这最终导致了产物分支产量的竞争复杂性。然而，目前还不清楚在什么温度下竞争会发生变化，这也受到分子结构尤其是侧链结构（烷基或醇）的影响。目前，还没有理论计算或实验研究涉及糠醇与羟基反应的热力学和动力学性质。且取代基官能团会引入动力学差异，糠醇与呋喃或其他烷基取代基呋喃和羟基反应的异同尚不清楚。因此，糠醇与羟基的理论计算以及速率常数的计算对于理解这种新型生物燃料的潜在特性至关重要。

本章采用高精度量子化学方法 CCSD(T)/CBS//M06-2X/def2-TZVP 建立了糠醇与羟基自由基的能量示意图。采用 RRKM/主方程理论计算了 2FFOH + OH 主要反应途径的温度和压力依赖性速率常数 $k(T, p)$，为糠醇在大范围温度和压力下的燃烧提供了有价值的基本信息（即热力学和动力学数据），为进一步探讨糠醇与呋喃或其他烷基取代呋喃之间的异同提供了理论依据。

9.2 理 论 方 法

9.2.1 量子化学

对量子化学方法的选取遵循以下四点。

（1）在 M05-2X/jun-cc-pVTZ 理论水平上对图中反应路径 R1～R8 的初步构象结构进行几何优化和频率分析。

（2）在 CCSD(T)/CBS 理论水平上获得单点能量基准计算。CCSD(T)能量可以根据 Dunning 等的理论具体外推到完全基集极限，表达式见式（7-1）。此计算方法可作为获取精准单点能量的有效方法。

（3）密度泛函理论（DFT）方法的选择：一些常用方法，比如 M06-2X/def2-TZVP、M06-2X/6-311+G(2df,2p)、M06-2X/jun-cc-pVTZ、M08-HX/def2-TZVP、M05-2X/def2-TZVP、B2PLYP-D3/jun-cc-pVTZ 和 B2PLYP-D3/6-311+G(2df,2p)在本章的研究中也进行了测试。与相对准确的 CCSD(T)/CBS 基准方法相比，本研究选择了一种对所有正向势垒高度和反应能都具有最佳性能的 DFT 方法。

（4）构象搜索和能量示意图的构建：采用选定的 DFT 方法计算原理图上所有静止点的几何形状和旋转振动特性。为了构造精确的能量示意图，采用上述选择的 DFT 方法进行了详尽的构象搜索，以找到每个静止点的最小构象。几何优化在严格收敛准则下进行。自洽场计算采用相同的收敛准则。密度泛函积分由每个原子 99 个径向壳层，每个壳层 974 个角点组成。采用虚频分析对过渡态结构进行了识别，并采用内禀反应坐标分析法对这些过渡态结构的合理性进行了复核。本章中所有电子结构的计算都是使用 Gaussian 16 量子化学包进行的。

9.2.2 热力学与动力学

采用上述选择的 DFT 方法对所有反应路径进行了热力学和动力学计算，广泛的温度范围内的热力学性质计算，包括焓、熵和热容值。

动力学计算采用 RRKM/主方程理论进行，该方法在 MESS 软件中实现。采用化学显著本征态法确定了唯象速率常数，为将跃迁矩阵的本征态与唯象速率常数联系起来提供了依据。RRKM/主方程方程理论已被证明是计算温度和压力相关动力学行为的可靠框架，特别是对于复杂的多阱和多路径系统。将所有振动频率的校正因子处理为 0.984。在本章中，零点能量没有被修正。除与低频扭转运动相对应的振型外，其余均采用刚性转子谐波振子模型。在计算配分函数时，将这些低频扭转运动视为一维受阻内转子法。在 M06-2X/def2-TZVP 水平以 10° 为间隔进行扫描。一维非对称 Eckart 修正被用来解释隧道效应。碰撞能量传递模型用经验公式处理：$<\Delta E>_{down} = 260(T/300)^{0.8}$。本研究采用的浴气为 Ar。Lennard-Jones 参数的计算参考经验公式，对于[2FFOH...OH]，$\sigma_1 = 5.6\text{Å}$，$\varepsilon_1 = 394\text{cm}^{-1}$；对于 Ar，$\sigma_{Ar} = 3.5\text{Å}$，$\varepsilon_{Ar} = 79\text{cm}^{-1}$。

当羟基自由基接近糠醇分子时，可以形成弱范德华（vdW）配合物（[2FFOH...OH]）。本章对于无势垒反应，采用相空间理论，参见的式（9-1）与（9-2）。该公式在之前的研究中被广泛使用，并且在这种 OH 引发的反应体系中有广泛的应用。动力学计算中采用的相互作用势由简化的各向同性相互作用估计：

$$V(R) = -C_6/R_6 \tag{9-1}$$

式中，R 是两个片段之间的距离。C_6 的计算式为

$$C_6 = 1.5\alpha_1\alpha_2 I_1 I_2/(I_1 + I_2) \tag{9-2}$$

式中，α_i 为极化率；I_i（$i = 1,2$）为对应碎片的电离能。这些参数采用 M06-2X/def2-TZVP 方法计算。

动力学计算采用 MESS 软件进行，研究范围为 298～2500K 和 0.01～10atm。

9.3 结果与讨论

9.3.1 量子化学计算

与相对准确的 CCSD(T)/CBS 方法相比，M06-2X/def2-TZVP 在考虑了 R1～R8 的所有正向势垒高度和反应能的情况下表现更好，详细的反应方案如图 9-1 所示。部分测试方法的平均无符号误差（MUE）如表 9-1 所示。八种测试方法的反应能和正向势垒高度的详细情况如表 9-2 所示。如表 9-1 所示，M06-2X 方法被证明与其他 DFT 方法相比具有更好的性能。M06-2X 方法在多个 OH 引发反应体系中的广泛应用也保证了其合理性。因此，选用 M06-2X/def2-TZVP 构建能量示意图，并对主要反应途径进行如下热力学和动力学计算。

表 9-1 不同方法的平均无符号误差

方法	MUE	方法	MUE
CCSD(T)/CBS	0	CCSD(T)/CBS	0
M06-2X/def2-TZVP	0.61	M05-2X/jun-cc-pVTZ	1.24

续表

方法	MUE	方法	MUE
M06-2X/6-311+G(2df,2p)	0.71	M05-2X/def2-TZVP	1.40
M06-2X/jun-cc-pVTZ	0.73	B2PLYP-D3/jun-cc-pVTZ	1.94
M08-HX/def2-TZVP	0.95	B2PLYP-D3/6-311+G(2df,2p)	1.96

注：本表所有的计算都采用了 M05-2X/jun-cc-pVTZ 的几何图形。

表 9-2　用不同方法（不含零点能量）计算出的正向能垒高度（V_f）和反应能量（ΔE）

方法	R1		R2		R3		R4	
	V_f	ΔE	V_f	ΔE	V_f	ΔE	V_f	ΔE
CCSD(T)/CBS	9.05	2.58	9.15	1.32	11.42	1.78	−0.63	−34.92
M06-2X/def2-TZVP	8.15	2.78	8.33	1.63	10.45	1.67	−0.95	−34.39
M06-2X/6-311+G(2df,2p)	8.11	1.97	8.26	0.81	10.37	1.04	−0.90	−35.42
M06-2X/jun-cc-pVTZ	8.12	1.47	8.27	0.35	10.42	0.51	−0.91	−35.70
M08-HX/def2-TZVP	10.02	4.63	10.11	3.30	11.94	3.01	0.30	−34.91
M05-2X/jun-cc-pVTZ	8.16	3.93	8.28	2.56	10.77	2.84	−0.81	−36.63
M05-2X/def2-TZVP	8.23	5.34	8.36	3.94	10.79	4.08	−0.85	−35.32
B2PLYP-D3/jun-cc-pVTZ	6.30	3.33	6.36	2.13	8.40	2.78	−2.95	−35.89
B2PLYP-D3/6-311+G(2df,2p)	6.22	3.44	6.29	2.20	8.39	2.90	−3.16	−35.92

方法	R5		R6		R7		R8	
	V_f	ΔE	V_f	ΔE	V_f	ΔE	V_f	ΔE
CCSD(T)/CBS	−4.50	−21.77	−1.83	−19.75	−3.61	−36.45	−6.20	−36.27
M062X/def2TZVP	−5.05	−23.00	−1.76	−20.35	−4.93	−36.92	−6.97	−36.77
M06-2X/6-311+G(2df,2p)	−4.92	−22.84	−1.75	−20.30	−5.10	−37.03	−7.08	−37.00
M06-2X/jun-cc-pVTZ	−4.90	−22.59	−1.70	−20.12	−4.82	−36.89	−6.78	−36.72
M08-HX/def2-TZVP	−3.76	−21.04	−0.29	−19.11	−4.36	−35.31	−6.11	−35.35
M05-2X/jun-cc-pVTZ	−5.83	−23.20	−2.88	−20.71	−5.39	−38.37	−7.58	−38.26
M05-2X/def2-TZVP	−5.81	−23.38	−2.78	−20.77	−5.43	−38.22	−7.72	−38.17
B2PLYP-D3/jun-cc-pVTZ	−7.37	−20.03	−4.03	−18.19	−5.93	−35.05	−8.44	−33.96
B2PLYP-D3/6-311+G(2df,2p)	−7.73	−20.62	−4.45	−18.67	−6.32	−35.47	−8.96	−34.58

注：V_f 为相对于 2FFOH+OH 的能量的正向能量势垒高度，ΔE 为产物相对于 2FFOH+OH 的能量的能量。

采用 CCSD(T)/CBS//M06-2X/def2-TZVP 方法计算了 2FFOH + OH 的能量分布，包括零点能，如图 9-1 和图 9-2 所示。图 9-1 显示了 H 提取和初步的 OH 加成路径，单位为 kcal·mol⁻¹。图 9-2 表示相应中间体 INT1～INT4（在 OH 加成过程中产生）的主要后续异构化和分解途径的能量分布图，单位为 kcal·mol⁻¹。为了更直观地比较，图 9-2 中，仍然选择双分子反应物（2FFOH + OH）的能量为零。

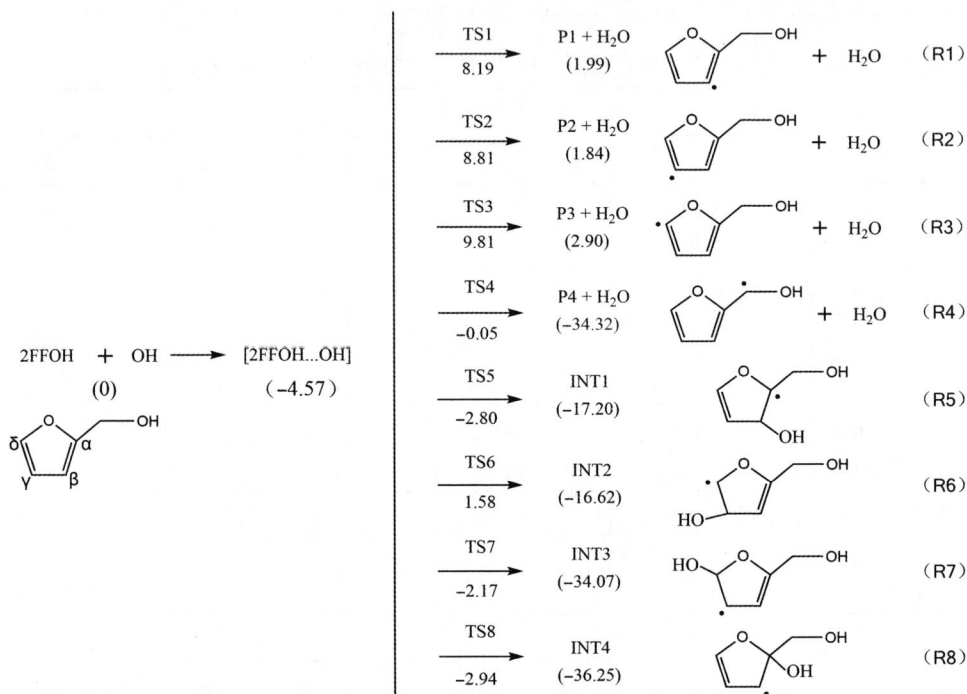

图 9-1 在 CCSD(T)/CBS//M06-2X/def2-TZVP 水平下，羟基自由基与糠醇（H 提取和 OH 加成通道）的能量示意图

反应经历普通的范德华配合物（标记为[2FFOH…OH]），其形成比反应物低 4.57kcal·mol⁻¹。范德华配合物的能量与使用 M06-2X/aug-cc-pVTZ 法的环戊二烯和羟基的能量基本相同，分别为–4.57kcal·mol⁻¹ 和–4.6kcal·mol⁻¹，但略低于通过 CCSD(T)/CBS//M06-2X/cc-pVTZ 方法的计算的 2-呋喃酸甲酯和羟基的能量，分别为–4.57kcal·mol⁻¹ 和–4.2kcal·mol⁻¹。反应物 2FFOH 有 4 个位点可以进行 H 提取，生成 4 个五元环自由基（P1～P4）和伴随的 H₂O。在呋喃环的不饱和碳上，有三个通道对应从 H 原子中提取 H，它们有相似的反应能垒需要克服（即 8.19kcal·mol⁻¹、8.81kcal·mol⁻¹、9.81kcal·mol⁻¹）。另一个 H 提取通道发生在侧链上的饱和碳（—CH₂OH

基团）上，它的能垒要低得多（–0.05kcal·mol^{-1}）。这一现象与 Sudholt 等用 CBS-QB3 方法计算出的 2FFOH 键解离能的趋势一致。从侧链上的—CH_2OH 基团上提取 H 的反应是放热的，而从呋喃环的氢原子上提取 H 的反应是弱吸热的。另一方面，呋喃环上发生 H 提取的反应势垒高度比侧链上提取 H 的势垒高 8.24～9.86kcal·mol^{-1}。这一趋势证实了羟基攻击时（环链与侧链）反应位点的明显选择性，并为羟基攻击侧链的潜在竞争提供了证据。先前对 OH 引发的烷基呋喃燃料（如 2-乙基呋喃和 2-甲基呋喃）的研究也发现，与环相比，侧链提取 H 的优势更大。

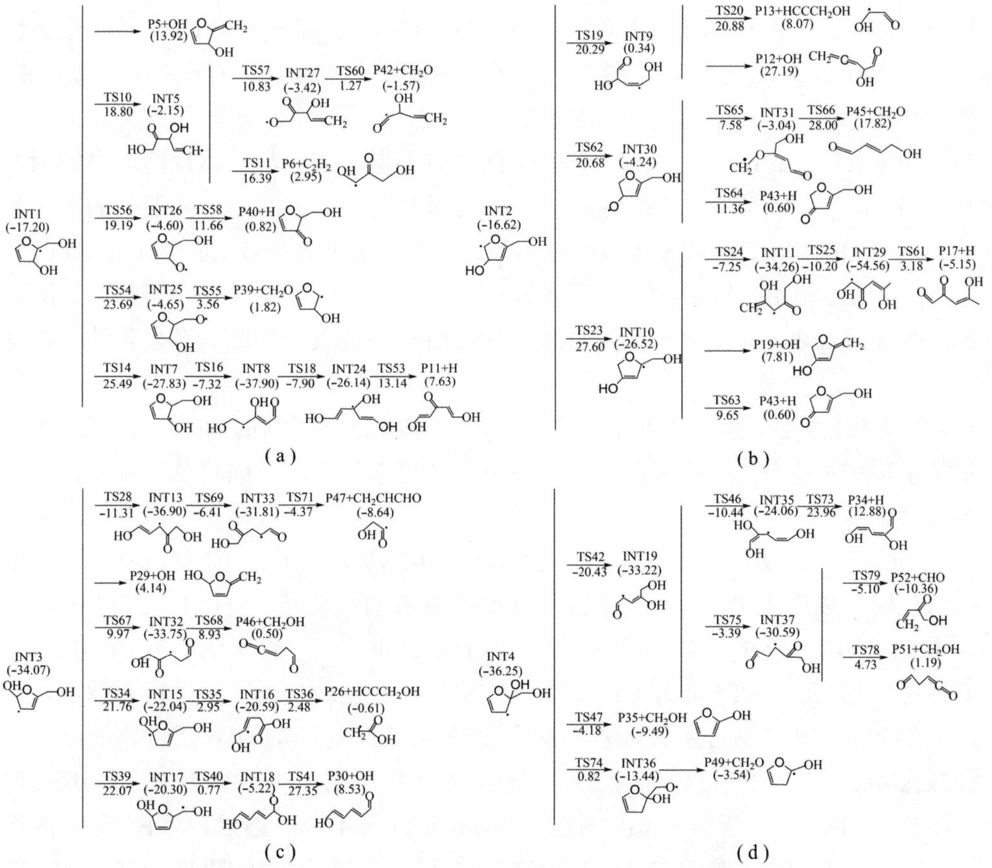

图 9-2　在 CCSD(T)/CBS//M06-2X/def2-TZVP 水平下，加合物（INT1、INT2、
　　　　INT3 和 INT4）的后续反应途径的能量学示意图

　　除了 H 提取反应外，羟基还可以加到环的不饱和碳（α、β、γ和δ）上。这里以 2-乙基呋喃（2EF）为例进行比较，其结构描述如下：

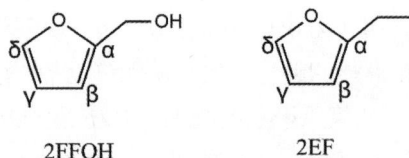

形成范德华配合物[2FFOH…OH]后，OH 可通过负势垒 TS5（$-2.80\text{kcal·mol}^{-1}$，在 C_β 位置）、TS7（$-2.17\text{kcal·mol}^{-1}$，在 C_δ 位置）和 TS8（$-2.94\text{kcal·mol}^{-1}$，在 C_α 位置）与环上的不饱和碳相结合，分别形成加合物 INT1、INT3 和 INT4。Zhang 等在 2-乙基呋喃（2EF）的 OH 加成反应中也发现了类似的能垒变化趋势，计算出这些碳位对应的能垒分别为 0.19kcal·mol^{-1}（C_β 位）、$-2.64\text{kcal·mol}^{-1}$（$C_\delta$ 位）和 $-4.12\text{kcal·mol}^{-1}$（$C_\alpha$ 位）。只有在 2-呋喃环 C_γ 位置上的 OH 加成存在 1.58kcal·mol^{-1} 的正能势垒，而 Zhang 等利用 G3MP2 和 G3MP2B3 方法计算的在 2EF 环上的正能势垒为 1.32kcal·mol^{-1}。对于 2FFOH 的加成渠道，这些反应路径的能垒的顺序如下：$\text{TS}(C_\alpha) < \text{TS}(C_\beta) < \text{TS}(C_\delta) < \text{TS}(C_\gamma)$，而 OH 加入 2EF 的这些能垒的顺序如下：$\text{TS}(C_\alpha) < \text{TS}(C_\delta) < \text{TS}(C_\beta) < \text{TS}(C_\gamma)$。值得注意的是，OH 加成在 C_α 和 C_δ 位置可以形成更稳定的加合物（中间体）。比如，OH 加成在 C_α 和 C_δ 位置比 C_β 和 C_γ 多放热约 20kcal·mol^{-1}。这一结果反映出环加成与侧链攻击相比具有显著的潜在竞争力。

如图 9-1 所示，有四个位置（C_α、C_β、C_γ 和 C_δ）发生 OH 加成，然后这些加合物可以发生异构化和解离反应，从图 9-2 中可以看出。下面将从四点来讨论加成-解离机制。

（1）OH 加成到呋喃环上的 C_β 位，如图 9-2（a）所示。OH 加成到呋喃环上的 C_β 位时可以产生 INT1，然后 CH$_2$—OH 键断裂直接生成 P5+OH。INT1 还可以通过 C_δ—O 键断裂解离形成 INT5（$-2.15\text{kcal·mol}^{-1}$），势垒为 $18.80\text{kcal·mol}^{-1}$（TS10）。然后，INT5 通过 C_β—C_γ 突破 TS11（$16.39\text{kcal·mol}^{-1}$）进行 β-解离，形成最终的双分子产物 1,3-二羟基丙酮自由基（P6）+C$_2$H$_2$，相对反应物的能量为 2.95kcal·mol^{-1}。INT5 可以通过 1,6 H 迁移异构成 INT27，能垒为 $10.83\text{kcal·mol}^{-1}$（TS57）。INT1 可以异构成 INT26（$-4.60\text{kcal·mol}^{-1}$），通过 1,3 H 迁移伴随 $19.19\text{kcal·mol}^{-1}$ 的势垒（TS56）。INT1 也可以通过 1,2 H 迁移异构成 INT7（$-27.83\text{kcal·mol}^{-1}$），具有 $25.49\text{kcal·mol}^{-1}$ 的高势垒（TS14）。随后，INT7 可通过 C_α—O 键断裂即开环反应，解离为更稳定的中间体 INT8（$-37.9\text{kcal·mol}^{-1}$），随后 INT8 可通过 TS18（$-7.9\text{kcal·mol}^{-1}$）以 1.6 H 迁移异构为 INT24。

（2）OH 加成到呋喃环上的 C_γ 位，如图 9-2（b）所示。可产生 INT2，相对能量为–16.62kcal·mol^{-1}。INT2 可发生 C$_\alpha$—O 键断裂（开环）形成 INT9，再通过 TS20（20.88kcal·mol^{-1}）破坏 C$_\beta$—C$_\gamma$键，形成双分子产物（P13 + HCCCH$_2$OH）。INT2 可通过一个四环过渡态结构（20.68kcal·mol^{-1}）异构为中间体 INT30，随后发生 β-断键形成 P43 + H。INT2 可通过从 C$_\gamma$向 C$_\delta$的H迁移异构为更稳定的中间体 INT10，其能量势垒比开环通道高 7.31kcal·mol^{-1}。

（3）OH 加成到呋喃环上的 C$_\delta$位，如图 9-2（c）所示。OH 加成到呋喃环上的 C$_\delta$位时可形成INT3，INT3 比 INT1 和 INT2 更稳定，相对能量为–34.07kcal·mol^{-1}。然后，INT3 通过相对较低的能垒 TS28（–11.31kcal·mol^{-1}）破坏 C$_\delta$—O 键即开环生成中间体 INT13。然后 INT13 经 1,4 H 迁移异构成 INT33，INT33 发生 β-裂解，形成双分子产物 P47+CH$_2$CHCHO。INT3 也可通过侧链 C—O 键断裂直接生成 P29 和 OH，该过程无势垒。

（4）OH 加成到呋喃环上的 C$_\alpha$位，如图 9-2（d）所示。可以产生与 INT3 具有相似稳定性的 INT4。INT4 通过 TS42 的开环过渡态分解为 INT19（–33.22kcal·mol^{-1}），能垒低至–20.43kcal·mol^{-1}。随后，INT19 通过 TS46（–10.44kcal·mol^{-1}）发生 H 迁移成中间体 INT35。此外，INT4 可以通过 CH$_2$OH 消除途径，分解形成最终的双分子产物 P35 + CH$_2$OH，需要克服势垒高度为 –4.18kcal·mol^{-1}的 TS47。

由于没有查找到与糠醇相关物种的热力学数据，为了便于燃烧建模，首次计算了热力学数据。表 9-3 显示了一些重要物种在 298～2500K 宽温度范围内的计算标准状态熵、热容和相对焓值。中间体 INT1、INT2、INT3 和 INT4 的热力学值基本相同，与糠醇相比有一定的偏差。

表 9-3 物种 2FFOH、INT1、INT2、INT3 和 INT4 的标准态熵、热容和相对焓

T/K	298	400	500	600	700	800	1000	1500	1800	2000	2200	2500
2FFOH												
S_T^0/（cal·mol^{-1}·K^{-1}）	81.61	89.80	97.45	104.67	111.44	117.77	129.27	152.68	164.09	170.87	177.11	185.62
$C_p^0(T)$/（cal·mol^{-1}·K^{-1}）	24.52	31.37	37.21	41.98	45.84	49.01	53.90	61.24	63.76	64.98	65.96	67.07
$H_p^0(T)$/（kcal·mol^{-1}）	69.05	71.91	75.34	79.31	83.71	88.46	98.77	127.78	146.55	159.43	172.53	192.49
INT1												
S_T^0/（cal·mol^{-1}·K^{-1}）	88.60	98.78	108.14	116.88	125.01	132.58	146.24	173.88	187.26	195.20	202.49	212.40

续表

T/K	298	400	500	600	700	800	1000	1500	1800	2000	2200	2500
$C_p^0(T)/$ (cal· mol^{-1}·K^{-1})	30.72	38.67	45.26	50.59	54.90	58.44	63.90	71.98	74.68	75.97	76.98	78.12
$H_p^0(T)/$ (kcal·mol^{-1})	79.28	82.83	87.04	91.84	97.12	102.79	115.06	149.28	171.30	186.37	201.67	224.95
INT2												
$S_T^0/$ (cal· mol^{-1}·K^{-1})	91.45	101.96	111.48	120.28	128.42	135.96	149.49	176.78	189.99	197.84	205.05	214.87
$C_p^0(T)/$ (cal· mol^{-1}·K^{-1})	32.05	39.57	45.77	50.76	54.77	58.07	63.19	71.04	73.78	75.13	76.21	77.44
$H_p^0(T)/$ (kcal·mol^{-1})	78.68	82.34	86.62	91.46	96.74	102.39	114.54	148.32	170.07	184.97	200.10	223.16
INT3												
$S_T^0/$ (cal· mol^{-1}·K^{-1})	90.10	100.41	109.83	118.59	126.71	134.24	147.77	175.06	188.27	196.12	203.33	213.16
$C_p^0(T)/$ (cal· mol^{-1}·K^{-1})	31.16	39.05	45.47	50.58	54.67	58.01	63.19	71.05	73.80	75.15	76.22	77.45
$H_p^0(T)/$ (kcal·mol^{-1})	78.98	82.57	86.81	91.62	96.89	102.53	114.68	148.46	170.22	185.12	200.26	223.32
INT4												
$S_T^0/$ (cal· mol^{-1}·K^{-1})	87.00	97.50	107.17	116.17	124.49	132.20	146.05	173.90	187.34	195.31	202.63	212.57
$C_p^0(T)/$ (cal· mol^{-1}·K^{-1})	31.47	40.00	46.69	51.92	56.05	59.42	64.61	72.37	74.99	76.24	77.22	78.32
$H_p^0(T)/$ (kcal·mol^{-1})	78.57	82.23	86.57	91.52	96.92	102.70	115.13	149.61	171.74	186.86	202.21	225.55

注：能量的零被设为全局最小值的势能。

9.3.2 氢键分析

氢键可以通过稳定过渡态结构在一定程度上降低势垒高度。当然，由于氢键的存在，熵效应也可以增加活化的自由能。为了更直观地进行比较，采用了一种已经确立且相对准确的氢键方法：

（1）"正常"氢键被定义为 H...O 的距离小于 2.4Å，同时 O—H...O 的角度大于 150°。

（2）"强弯曲"氢键定义为 H...O 的距离小于 2.4 Å，同时 O—H...O 的角度在 90°～150°范围内。

TS1～TS8 分子结构如图 9-3 所示。如图 9-3 所示，TS1、TS4 和 TS5 三个结构都属于"强弯曲"氢键型，对应 C_β 位和—CH_2—基团的反应路径。结合图 9-1，如预期的那样，不论是发生 H 提取还是 OH 加成反应，氢键都可以降低能量势垒。对于不含氢键的过渡态结构，其对应路径在 H 提取机制中具有最高的能垒，比如，分别为 8.81kcal·mol^{-1} 的 TS2 和 9.81kcal·mol^{-1} 的 TS3。在 OH 加成机制中具有最高的能垒，分别为 1.58kcal·mol^{-1} 的 TS6 和–2.17kcal·mol^{-1} 的 TS7。另一方面，从空间构象的角度来看，这种现象很容易理解。C_γ/C_δ位点相对较远，不容易形成氢键的 H 提取和 OH 加成途径。由于空间构象约束，TS8 结构不受氢键的影响。为了直观地比较氢键，熵和自由能分析如下。

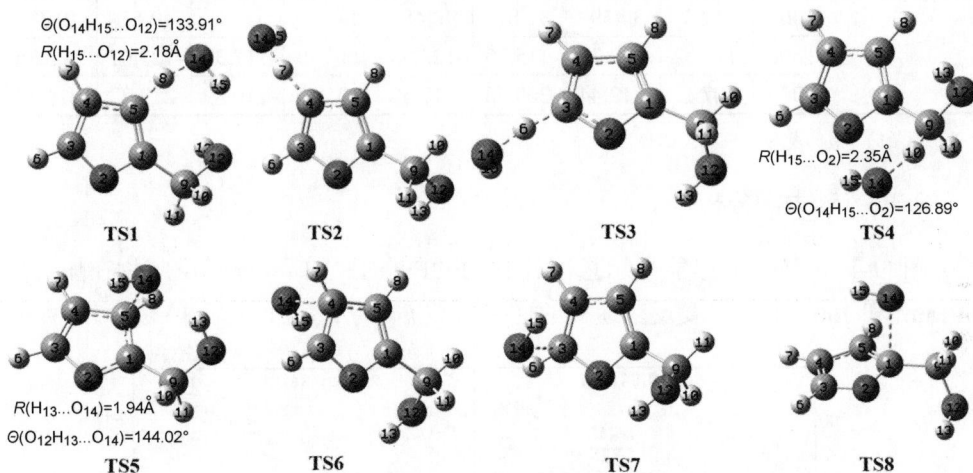

图 9-3　TS1～TS8 的分子结构和氢键分析

表 9-4 给出了 TS1～TS8 过渡态结构对应的标准态熵和自由能值，可以看出对于 H 提取通道中没有氢键的过渡态结构，例如，在温度 $T \geqslant 600K$ 时，能量为 9.81kcal·mol^{-1} 的 TS3 虽然具有更高的活化熵值，但并不一定比氢键具有更高的活化自由能（TS1 的能垒低于 9.81kcal·mol^{-1}）。对于 OH 加成途径中的过渡态结构，无氢键的过渡态结构（如能垒为 1.58kcal·mol^{-1} 的 TS6），在不同的温度范围（$T \geqslant$ 1000K）下，其活化自由能低于有氢键的过渡态结构（能垒低于 1.58kcal·mol^{-1} 的 TS5），但其活化熵值较高。这一现象提醒我们，氢键引起的熵减小效应也应考虑在内，其减小程度与温度有关。

表 9-4　常规过渡态的热力学值

	T/K	TS1	TS2	TS3	TS4	TS5	TS6	TS7	TS8
标准态熵/ (cal·mol^{-1}·K^{-1})	298	91.50	95.38	94.72	93.61	87.72	92.71	93.89	92.58
	400	101.82	105.76	104.85	103.90	97.82	102.95	104.17	103.00
	600	120.05	123.75	122.58	121.97	115.81	120.87	122.11	121.14
	800	135.76	139.09	137.81	137.47	131.37	136.24	137.49	136.62
	1000	149.36	152.31	150.97	150.85	144.88	149.53	150.79	149.97
	1500	176.68	178.86	177.46	177.73	172.21	176.36	177.62	176.86
	2000	197.61	199.27	197.86	198.40	193.34	197.10	198.37	197.63
自由能/ (kcal·mol^{-1})	298	54.73	54.17	55.08	47.08	48.58	51.24	46.99	46.62
	400	44.87	43.90	44.90	37.00	39.11	41.26	36.88	36.64
	600	22.64	20.90	22.11	14.37	17.71	18.83	14.21	14.18
	800	−2.98	−5.42	−3.97	−11.62	−7.05	−6.92	−11.79	−11.64
	1000	−31.53	−34.59	−32.87	−40.48	−34.71	−35.53	−40.65	−40.33
	1500	−113.37	−117.71	−115.30	−122.95	−114.30	−117.32	−123.07	−122.36
	2000	−207.15	−212.44	−209.33	−217.18	−205.89	−210.89	−217.27	−216.18

注：能量的零点被设为 2FFOH + OH。

9.3.3　动力学分析

图 9-4 为基于上述能垒示意图计算的 2FFOH+OH 双分子反应物在压力为 0.01atm 和 1atm 下的主要反应途径的速率常数 k (T, p)。

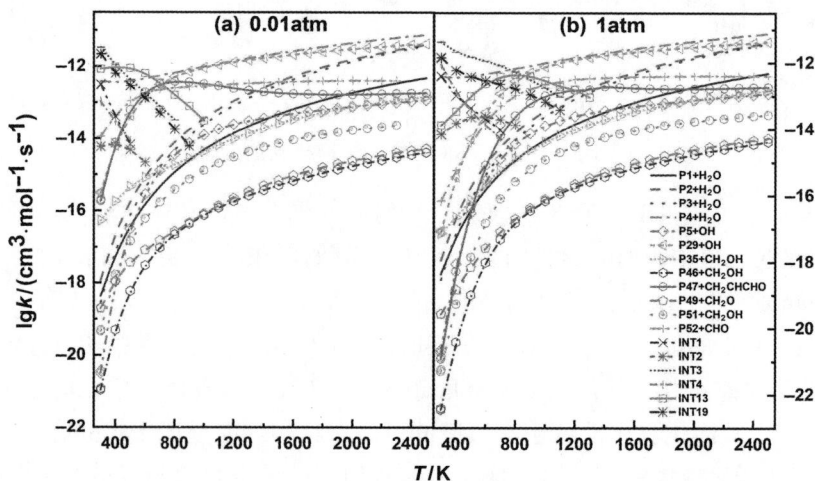

图 9-4　糠醇与羟基在压力为 0.01atm 和 1atm 时的主要反应的速率常数

　　这些 H 提取反应途径不依赖于压力。在低温下，P1+H_2O、P2+H_2O 和 P3+H_2O 的生成可以忽略不计，但随着温度的升高而增加，例如，在温度为 2500K 时，三条路径的总和占反应物消耗的 40% 左右。这些 H 提取路径具有正的势垒，与计算的速率常数的正温度依赖性是一致的。P4+H_2O（对应于侧链上 CH_2OH 基团上的 H 提取）的形成由于其较低的负能垒（见图 9-1），表现出明显的动力学特征。当温度低于 400K 时，P4+H_2O 表现出相对较弱的负温度依赖性，然后表现出正温度依赖性。为了更直观地比较，从呋喃环（即 P1+H_2O、P2+H_2O 和 P3+H_2O）和侧链（P4+H_2O）提取 H 的速率常数列在图 9-5 中。显然，在温度为 298K 时，从侧链中提取 H 的速率常数比从环中提取 H 的速率常数快 5 个数量级。当温度达到 800K 时，侧链抽氢速率常数比环抽氢速率常数快 47 倍。由于存在较大的熵效应，从环中抽氢的速率常数随着温度的升高而迅速增大。因此，这两种情况之间的差距逐渐缩小，当温度达到 2300K 时，它们几乎相同。随后，在 $T>2300K$ 时，从环中提取 H 的速率常数超过了从侧链中提取 H 的速率常数。

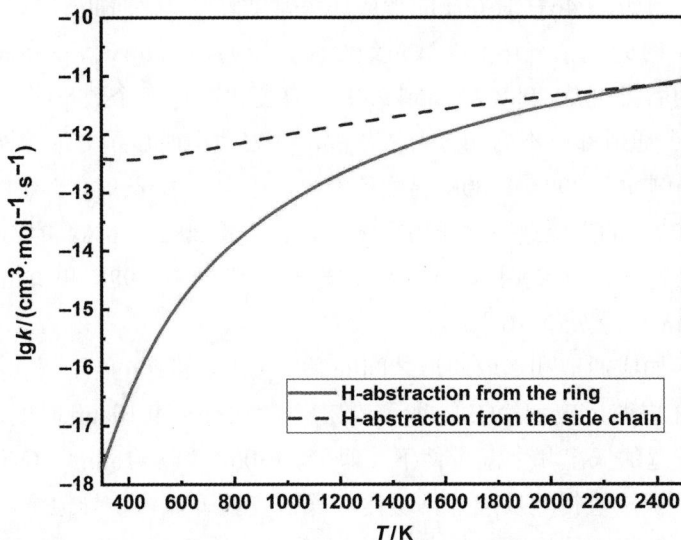

图 9-5　从环中提取 H（即 P1+H_2O、P2+H_2O 和 P3+H_2O 的总和）
与从侧链中提取 H（P4+H_2O）的竞争关系

　　对于这些加合物的稳定，在 $p=0.01atm$ 和 $T \leqslant 300K$ 时，如图 9-4（a）所示，INT19 和 INT3 是主要种类，占反应物消耗的 77%，而 INT1、INT2 和 INT4 是次要种类（如 INT1 的最大形成量仅为 4%）。当压力达到 1atm 时，INT4 的生成增加,在温度为298K时占反应物消耗的12%左右。在T≤400K时,这些加合物INT1、INT3、INT4和INT19的生成占反应物消耗的88%～95%,随着温度从400K升高到700K,占反应物的消耗从88%下降到48%。这一观察结果与一些不饱和环分子(如环戊二烯)与羟基的观察结果相同,反映了势垒的作用和范德华配合物的存在。这些加合物的稳定性具有明显的压力依赖性,例如,在298～600K的温度范围内,INT2在1atm时的生成量比在0.01atm时增加了1.2～11倍。

对通过加成和随后的解离机制形成的主要产物进行了比较,归纳了以下三点。

(1)在整个研究温度范围内,P47+CH_2CHCHO的生成速率常数随温度的升高先增大后减小,在温度为1400K时达到最大值。在低压下,达到最大值所对应的温度点会下降,例如,在压力为0.01atm时,P47+CH_2CHCHO的速率常数最大的温度在800K处。P52+CHO的形成也有类似的趋势,只是达到最大值的温度转折点不同而已。

(2)其他双分子产物的形成与温度呈正相关。然而,却表现出对温度不同程度的依赖性,例如,P46+CH_2OH的形成速率常数在压力为1atm时,温度从298K变化到2500K时升高了高达8个数量级,而在压力为1atm时,P35+CH_2OH的形成速率常数随着温度从298K升高到2500K时变化高达4个数量级。

(3)每个通道都有不同的压力依赖性,并表现出明显压力依赖性,特别是在低温条件下,例如在298～1300K温度范围内,压力为1atm时,5-亚甲基-2,5-二氢呋喃-2-醇(P29)的生成速率比压力在0.01atm下慢1%～50%。P47+CH_2CHCHO的形成具有显著的压力依赖性,特别是在低温下,例如在298K和1atm时,其生成速率比0.01atm时慢$6.5×10^{-6}$倍。

为了揭示加成通道和提取通道之间的竞争关系,图9-6展示了在298～2500K温度范围内H提取反应和OH加成反应在压力为1atm和10atm时的总速率常数。很明显,在较宽的低温和中温条件下(即$T≤1300K$和$p=1atm$),OH加成途径比H提取途径更快。氢提取反应非常缓慢,只在高温下才占主导地位,这是呋喃基燃料与烷烃燃料相比的特殊现象,因为呋喃燃料中的C—H键键能($120kcal·mol^{-1}$)比烷烃燃料中的C—H键键能($95～105kcal·mol^{-1}$)更强。OH加成路径随温度升高先减小后增大,在温度为800K和压力为1atm时达到最小值,这是由于加合物在低温下具有良好的稳定性所造成的。如图9-6所示,加成反应和提取反应之间的竞争关系几乎没有压力依赖性。

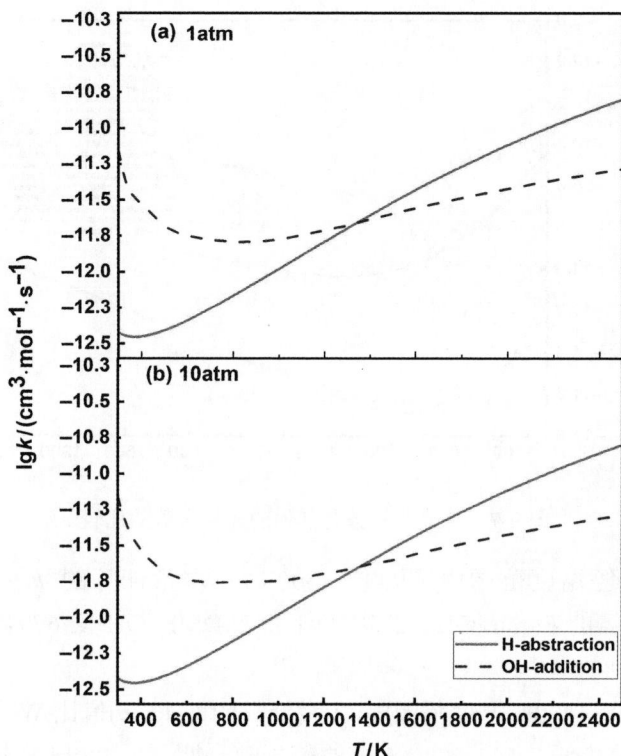

图 9-6 在压力为 1atm 和 10atm 时的速率常数

图 9-7 绘制了双分子反应物 2FFOH 和 OH 在温度范围为 298～2000K 时的计算总速率常数 $k_{tot}(T, p)$，并进一步与呋喃基燃料与羟基体系的实验研究结果进行了比较。在 $T \leqslant 700K$ 时，$k_{tot}(T, p)$ 明显呈负的温度依赖性，与 Whelan 等对呋喃基燃料与羟基的实验观察一致。这种现象可以解释为，随着温度的升高，反应络合物更快地解离成双分子反应物。在 298～600K 低温范围内，本章计算的总速率常数与 Whelan 等计算的呋喃与羟基的总速率常数下降幅度相似，即在压力为 1atm 时，本章计算的速率下降了 77%，Whelan 等计算的速率下降了 75%。然而，2MF+OH 和 25DMF+OH 在温度从 298～700K 时下降较快，2MF+OH 下降了 84%，25DMF+OH 下降了 80%。本章计算的 $k_{tot}(T, p)$ 值显示出非常弱的压力依赖性，特别是在高温下，几乎没有压力依赖性。这一结果与 Whelan 等研究的呋喃基燃料+OH 体系的实验结果一致。很遗憾的是，文献中没有 2FFOH+OH 体系的实验动力学数据。这里对 Furan+OH、2MF+OH 和 25DMF+OH 的动力学数据进行比较，主要有两点值得注意：

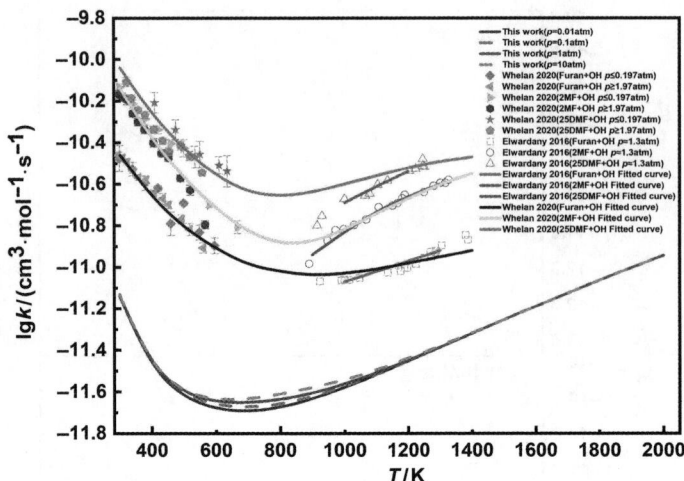

图 9-7　总速率常数与其他的速率常数的比较

（1）在中等温度范围内（900～1300K），本章计算的 $k_{tot}(T, p)$ 值分别比 Elwardany 等计算的 Furan+OH、2MF+OH 和 25DMF+OH 低 67%～75%、83%～86% 和 88%～89%。

（2）在 300～1400K 温度范围内，本章计算的 $k_{tot}(T, p)$ 值比 Whelan 等对 Furan + OH 的 $k_{tot}(T, p)$ 值低 72%～87% 倍。这一结果反映了动力学研究在宽温度范围内 OH 引发反应的重要性。

9.4　小　　结

本章采用了高精度量子化学方法 CCSD(T)/CBS//M06-2X/def2-TZVP 建立了糠醇与羟基反应的势能面，使用了 M06-2X/def2-TZVP 方法进行了详尽的构象搜索，确定了相应的热力学和动力学，计算了主要反应途径的温度和压力相关的速率常数。

计算的糠醇与羟基反应的总速率常数从温度为 298K 的 7.40×10^{-12} $cm^3 \cdot mol^{-1} \cdot s^{-1}$ 增加到 2500K 的 $2.10 \times 10^{-11} cm^3 \cdot mol^{-1} \cdot s^{-1}$。研究结果表明，OH 引发的 2FFOH 燃料反应通过环上的 H 提取、侧链上的 H 提取和 OH 加成三种不同途径进行。当温度低于 2300K 时，呋喃环上 H 提取反应的总速率常数（P1+H$_2$O、P2+H$_2$O 和 P3+H$_2$O 的生成之和）比侧链上 H 提取反应的生成速率常数（P4+H$_2$O 的生成）要慢。在低温和中温条件下（$T \leqslant 1300K$），2FFOH+OH 体系的 OH 加成

途径占主导地位。本章观察到的 $k_{tot}(T, p)$ 值的温度依赖性行为与前人对呋喃基燃料与羟基反应的研究一致，它们具有明显的温度依赖性，在温度为 600～700K 时达到最小值。2FFOH+OH 的总速率常数没有明显的压力依赖性。然而，每个反应途径表现出不同的压力依赖性，特别是通过加成机制的反应途径，在中高温条件下，5-亚甲基-2,5-二氢呋喃-2-醇（P29）和 OH 是主要的双分子产物。

通过对糠醇燃料与羟基的反应路径的探究和产生的主要物质的分析，得到了温度范围为 298～2500K 和压力范围为 0.01～10atm 下主要产物的分布，发现所生成的中间体和产物对环境无污染，为呋喃基燃料的燃烧过程提供了理论依据。

第 10 章 RRKM/主方程的动力学计算的全局不确定性分析

10.1 引　　言

　　通过前面章节的研究，发现动力学计算的准确性是至关重要的。对于某个替代燃料的全面深入的研究，常常是将理论、实验和模型结合起来的。由于理论计算的结果将用于模型中来模拟一些宏观现象，和实验值进行对比，从而互促互进。因此，对模型的发展而言，理论计算的不确定性起着至关重要的作用，它们将会影响着模型对宏观实验现象的模拟表现（譬如点火延迟时间和火焰传播速度等参数）。另外，通过对动力学计算的不确定性探究工作，也为未来的工作指明了方向。譬如，针对一些具有较大不确定性但却对模型有着重要影响的反应，可以着重开展实验和理论研究工作。并且明白误差来源，对于未来的工作中如何缩减误差、提高计算精度，也将具有重要的指导作用。

　　在燃烧体系中，单分子分解反应通常是一个燃料转化的第一步，故而单分子解离反应的精确速率常数的计算吸引了很多燃烧化学动力研究者的关注。众所周知，RRKM/主方程方法是计算温度和压力依赖的速率常数最受欢迎的方法。利用RRKM/主方程方法计算的速率常数的精度依赖于输入参数的不确定性，譬如反应能垒、振动频率和碰撞能量转移参数等。然而前人大部分理论计算的不确定性是建立在经验评估的基础之上的，并且仅考虑了有限的输入参数，譬如反应能垒大小的影响。在高压极限下，速率常数可以直接通过过渡态理论计算求得。故高压极限下的速率常数的不确定性是很容易被评估的，仅仅由量化计算的反应能垒及振动频率等参数决定。然而，当考虑到碰撞活化过程和相应的压力依赖效应时，由于涉及不同参数之间的耦合，通过 RRKM/主方程方法求得的速率常数将变得十分复杂。在这种情况下，去分析误差在速率常数的求解过程中是如何传递的，将会变得十分不易。近些年来，RS-HDMR（Random Sampling High Dimensional Model Representation，随机抽样高维模型表示）方法被广泛应用于模型的全局不确定性和灵敏性分析工作中。其中在 2013 年，Goldsmith 等人利用 RS-HDMR 方法对

RRKM/主方程方法计算的正丙基氧化的速率常数进行了全局不确定性分析。通过这一定性的分析，结果发现，一些理论参数（如反应物和过渡态的能量、振动频率、能量碰撞参数等）的误差在求解速率常数的过程中是在传递的，并且最终决定了速率常数的分布情况以及灵敏性。对于不同的反应路径，他们给出了输入参数的一阶和二阶灵敏性系数；此外，通过对速率常数的正则布居的分析，他们定性地评估了理论计算的速率常数的不确定性。

受这一工作的启发，本章利用 RS-HDMR 方法去探究 RRKM/主方程方法求解的压力温度依赖的速率常数的误差传递工作，这里将选取乙醇的单分子解离反应为例子。之所以选择这个体系，有三个原因：①乙醇的单分子解离是燃烧体系中一个重要的反应，受到科研工作者大量的关注；②它也是具有单势阱且多个反应通道相互竞争的典型体系；③这个体系中同时存在反应过渡态和无反应过渡态的不同反应路径。综上可以看出，这一反应体系很具有代表性，有利于研究。关于乙醇的单分子解离反应，前人有很多关于实验和理论计算的工作，这些研究表明乙醇的单分子解离主要是由三条反应路径决定的，分别是脱水反应（有过渡态），C—C 断键和 C—O 断键的无过渡态的反应，反应式如下：

$$CH_3CH_2OH \longrightarrow C_2H_4 + H_2O \qquad (R10-1)$$

$$CH_3CH_2OH \longrightarrow CH_3 + CH_2OH \qquad (R10-2)$$

$$CH_3CH_2OH \longrightarrow C_2H_5 + OH \qquad (R10-3)$$

这三个反应相比较，很显然，R10-2 的能垒是在 R10-1 之上的，R10-3 将会是三者之中最高的。然而，由于反应 R10-1 具有较紧实的过渡态，故具有相对较低的熵值；反应 R10-2 由于其松散的过渡态，故具有相对较高的熵值。综合以上两点可以看出，R10-1 与 R10-2 之间存在着有趣的竞争关系，在低温/低压下，R10-1 是主要路径；而在高压/高温时，R10-2 将会提高其竞争性。这一竞争关系是和碰撞活化过程紧密相关的。这一体系的简单性，将会便于探究竞争关系对不确定性分析及误差传递的影响，以及这一影响又具有什么样的温度压力依赖关系。再者，由于反应 R10-2 的无明显势垒特性，需要使用变分过渡态理论来计算这一反应路径的速率常数，这就使得同时可以探究变分过渡态理论计算过程中的不确定性传递现象。

作为一种生物质燃料，关于乙醇的单分子解离反应的探究存在大量的实验和理论研究。Sivaramarishnan 等人对乙醇单分子解离反应的速率常数进行计算，对于无明显势垒的 C—C 键的解离反应采用的是可变反应坐标过渡态理论（VRC-TST），这一方法被前人认为是最高精度的解决无明显势垒路径的方法。

在他们的研究中，通过激波管实验测量，优化了一些理论计算的参数，譬如反应能垒的高度以及碰撞参数等。作者也预测了反应 R10-2 和 R10-3（相比反应 R10-1）具有较大的不确定性；同时指出，对于低分支比的反应路径，在实验测量上是具有较大难度的，在理论计算上是对能量转移过程（如能量转移参数及不同路径之间的反应能垒差值等）也较为灵敏的。Kiecherer 等人利用激波管/时间飞行质谱实验研究了乙醇热解反应，同时在理论上，利用 RRKM/主方程方法及一个梯度能量转移模型计算了反应路径的速率常数。这些前人的研究表明，对于不同的反应路径，理论计算的速率常数的不确定性有不同的表现，同时是依赖于温度和压力的，这一现象的本质原因是什么呢？这种依赖性是如何变化的呢？所以在本章中，借助于灵敏性和不确定性分析的手段和方法，从定性和定量两个方面，针对不同的温度和压力条件探究了这一系列的问题。

10.2 理论计算方法

10.2.1 反应势能面

前人的研究已经表明，在燃烧条件下，C—O 键的断裂反应（即反应 R10-3）的贡献不大于 5%。所以，为了降低全局不确定分析的计算成本，在这项工作中仅仅考虑了 R10-1、R10-2 这两个主要反应路径。这些反应路径上的稳定驻点和势能鞍点的构型优化及频率分析计算是利用 B3LYP/6-311++G(d,p) 这一方法完成的，和前人研究工作中计算方法是相同的。单点能的计算是利用 QCISD(T) 方法，同时结合完全基组外推（外推是在 cc-PVTZ、cc-PVQZ 的基础之上进行的）。对于无明显势垒的 R10-2 反应路径，解离曲线沿着 C—C 分离坐标，以步幅为 0.1Å 的间隔，利用多参考态计算方法 CASPT2(2e,2o)/cc-PVDZ 扫描得到的。然后，解离曲线上每个点的能量再通过高精度的能量校正，其中这里的校正因子来自 QCISD(T)/CBS 方法计算的解离能量值与 CASPT2(2e,2o)/cc-PVDZ 计算的解离能的比值。另外，解离曲线上每个点的振动频率也是通过 CASPT2(2e,2o)/ cc-PVDZ 这一方法得到的。这里的活化空间包含的是甲基和 CH_2OH 自由基的轨道。本书中的量化计算是利用 Gaussian09 和 Molpro 程序完成的。

10.2.2 反应动力学理论

C—C 键的解离反应路径是利用传统变分过渡态理论（Canonical Variational

Transition State Theory，CVT）来研究的。下面将对这种方法进行简单的描述，对于不同的 C—C 键长下对应的构型，先计算出不同温度下的高压极限速率常数。对于每个温度，找到其高压极限速率常数的最小值，此时对应的构型即为该温度下的过渡态结构。这样，对于不同的温度，将得到一系列的与之对应的过渡态构型，即变分过渡态理论中提到的变化的过渡态。将这些变化的过渡态应用到 RRKM/主方程中，即可得到压力温度依赖的速率常数。在动力学计算的过程中，也考虑了 Eckart 隧穿效应校正模型。对于反应物的稳定驻点及其过渡态的结构，低频振动模式如甲基的内转动被处理为阻尼转动模型，这里的阻尼势函数拟合成了一个对称的傅里叶余弦函数的形式如 $V(\theta) = (V_0 / 2)(1 - \cos 3\theta)$，这里的能垒 V_0 是利用 M062X/6-311+G(3df,2p) 方法计算求得的。其他振动模式是通过刚性转子谐振子近似来处理的。主方程计算求解的过程中，反应物与浴气之间的相互作用采用的碰撞模型是 Lennard–Jones (L–J) 势函数。对于氩气，L–J 参数为：$\sigma = 3.465\text{Å}$，$\varepsilon = 113.5\text{K}$；对于乙醇分子，L–J 参数为：$\sigma = 4.317\text{Å}$，$\varepsilon = 450.2\text{K}$。碰撞能量转移模型采用的单参数温度依赖的指数下降模型：$<\Delta E>_{\text{down}} = 125(T / 300)^{0.85}\text{cm}^{-1}$，这一模型已经在前人的研究中得到很好的验证。配分函数的计算选用的能量步幅是 40cm^{-1}，之前的研究已经表明这一标准是可以保证结果收敛的。所有的动力学计算是应用 MESMER 软件包完成的。Jasper 等人探索了一系列浴气分子的能量碰撞转移模型的精度在主方程计算中的影响，在他们的研究中，同时表明现在常用的温度依赖的表达形式的合理性。故在本章中，由能量碰撞转移带来的不确定性仅仅反映在模型中参数的不确定性上。

乙醇的单分子解离反应已经有了很高精度的理论研究，譬如 Sivaramakrishnan 等人采用了 VRC-TST 对无明显势垒解离路径进行了精确的计算。这一动力学方法的精度是超过常用的 CVT 的，并且在这项研究中选择了 CVT 算法来处理无明显势垒的解离过程，具体原因如下：首先，研究的重点并不是提供高精度的计算结果，目的是探索由理论参数的不确定性会对动力学结果带来的误差大小；其次，CVT 算法在对变分过渡态的处理过程中由于参数的简洁化，更有利于进行一系列的灵敏性及不确定分析，很明显通过改变不同的输入参数，不确定分析需要成千上万个 RRKM/主方程的样本计算，还需要考虑不同的温度和压力依赖效应。综上所述，可以以前人的 VRC-TST 当作动力学标准，但是选择成本可以接受的 CVT 算法来开展这项工作。

10.2.3 不确定性和灵敏性分析

为了研究输入参数对温度压力依赖的速率常数的计算过程中带来的误差传递，采用了全局不确定性分析和灵敏性分析。对于每一个反应，一阶和二阶灵敏性系数都是通过 RS-HDMR 算法计算得到的。这一算法就是通过一系列随机样本来描述输入变量与输出变量之间的关系，当然是在这一假设的基础之上，即更高阶的相互作用影响是可以忽略。对大多数物理化学体系，被扩展到二阶的 RS-HDMR 的表达式如下：

$$f(x) = f_0 + \sum_{i=1}^{n} f_i(x_i) + \sum_{1 \leq i < j} f_{ij}(x_i, x_j) \tag{10-1}$$

式中，n 表示输入变量数；f_0 表示输出变量平均值；$f_i(x_i)$ 表示参数 x_i 对输出单独的影响；$f_{ij}(x_i, x_j)$ 表示变量 x_i 与 x_j 对输出参数共同的影响。Li 等人提出了一个用正则多项式来构建 RS-HDMR 表达式的方法，则式（10-1）就可以被写成如下的形式：

$$f(x) = f_0 + \sum_{i=1}^{n} \sum_{r=1}^{t} \alpha_r^i \varphi_r(x_i)$$
$$+ \sum_{1 \leq i < j < n} \sum_{p=1}^{t_1} \sum_{q=1}^{t_2} \beta_{pq}^{ij} \varphi_p(x_i) \varphi_q(x_j) \tag{10-2}$$

式中，φ 是正则多项式；t、t_1、t_2 是正多项式的级数；α_r^i 与 β_{pq}^{ij} 是通过最小化过程和蒙特卡洛积分过程求得的系数。接下来，通过下面的式子求解方差：

$$D_i = \sum_{r=1}^{t} (\alpha_r^i)^2 \tag{10-3}$$

$$D_{ij} = \sum_{p=1}^{t_1} \sum_{q=1}^{t_2} (\beta_{pq}^{ij})^2 \tag{10-4}$$

式中，D_i 是一阶方差；D_{ij} 是二阶方差。总的方差为 $D = (1/n) \sum_{m=1}^{n} f^2(x_m) - f_0^2$。

灵敏性的计算可以通过下面的公式：$S_i = D_i / D$，$S_{ij} = D_{ij} / D$，这里的 S_i 表示的是 x_i 对输出 $f(x)$ 的影响，而 S_{ij} 表示的是 x_i 与 x_j 对输出的共同影响。

在这项工作中，灵敏性分析和不确定性分析工作是采用速率常数的自然对数形式——$\ln k$。对于一个正值的参数的不确定性，譬如速率常数，它经常被认为是满足自然对数分布的。对于这样的变量，通常是采用它的对数值而非绝对值作为不确定分析的目标。这样的话，从 ln$k$ 的标准偏差 σ 再结合速率常数的置信区间（常选为 0.95），就可以得到不确定性因子 U：

$$P\left(\frac{k_{\text{nominal}}}{U} \leqslant k \leqslant k_{\text{nominal}} * U\right) = 0.95 \qquad (10\text{-}5)$$

这里 ln$k$ 指明为 $\ln k \sim N(\ln k_{\text{nominal}}, \sigma^2)$，结合下式：

$$lnU = 1.96\sigma \qquad (10\text{-}6)$$

故结合式（10-5）和式（10-6），速率常数的不确定性因子 U 就可以通过 ln$k$ 的标准偏差被推导出来了。反应物和过渡态的能量参数、碰撞能量转移参数、低频及虚频等振动模式、阻尼转子的势函数能垒等 22 个输入参数，根据现有的理论计算水平进行合理的评估，得到这些变量的不确定性范围。计算的温度条件是从 800～2000K，每间隔 100K 的温区进行的；压力条件是 0.001atm、0.01atm、0.1atm、1atm、10atm。对于每个压力和温度下，随机产生 20000 个样本，再计算相应的速率常数。本工作中误差分析采用的是 GUI-HDMR 软件。

10.3   结果与讨论

10.3.1   灵敏性分析

22 个输入参数被选作不确定性和灵敏性分析的变量，它们的不确定性范围被列在表 10-1 中。表 10-2 比较了用不同计算方法得到的反应物及过渡态等能量。QCISD(T)/CBS 以及 CCSD(T)-F12/def2-QZVPP 方法的对比表明对于计算 TS1 能量及解离能的基组的收敛性。考虑到高阶激发和非谐性零点能校正等其他因素，将稳定分子的能量误差评估为 ±1.0kcal·mol^{-1}，将过渡态的能量误差评估为 ±2.0kcal·mol^{-1}。关于 TS2 的不确定性，并不是直接和相应的解离能相关的，但是它的不确定性却是依赖于解离能以及变分过渡态算法的处理。图 10-1 给出了 CASPT2(2e,2o)/cc-pVDZ 方法扫描得到的 C—C 键解离曲线，且它是被校正到高精度 QCISD(T)/CBS 计算得到的解离能的基准之后的。变分过渡态的位置随着温度的变化情况也在图 10-1 中标记出来了。过分过渡态能垒的大小随着温度的升高而降低，从而导致 R10-1 和 R10-2 之间的竞争关系发生了变化，这将会对不确定性分析有着重要的影响，这一点将在后面给出更具体详细的讨论。

表 10-1　RS-HDMR 分析中选择的 22 个输入参数以及它们的不确定性范围

	输入参数	能量 (800K)	能量 (900～1200K)	能量 (1300～1800K)	能量 (1900～2000K)
1	C_2H_5OH energy /(kcal·mol^{-1})	0±1.0	0±1.0	0±1.0	0±1.0
2	CH_3+CH_2OH energy /(kcal·mol^{-1})	85.6±1.0	85.6±1.0	85.6±1.0	85.6±1.0
3	$C_2H_4+H_2O$ energy /(kcal·mol^{-1})	9.7±1.0	9.7±1.0	9.7±1.0	9.7±1.0
4	TS2 energy[①] /(kcal·mol^{-1})	83.1±2.0	80.3±2.0	77.3±2.0	75.3±2.0
5	TS1 energy /(kcal·mol^{-1})	66.0±2.0	66.0±2.0	66.0±2.0	66.0±2.0
6	C_2H_5OH $<\Delta E>_{down}$ prefactor/cm^{-1}	125±62.5(±50%)	125±62.5(±50%)	125±62.5(±50%)	125±62.5(±50%)
7	C_2H_5OH $<\Delta E>_{down}$ T-exponent/cm^{-1}	0.85±0.15	0.85±0.15	0.85±0.15	0.85±0.15
8	C_2H_5OH L-J: σ/Å	4.3±0.86(±20%)	4.3±0.86(±20%)	44.3±0.86(±20%)	4.3±0.86(±20%)
9	Ar L-J: σ/Å	3.5±0.7(±20%)	3.5±0.7(±20%)	3.5±0.7(±20%)	3.5±0.7(±20%)
10	C_2H_5OH L-J: $\mathcal{E}$/K	450.2±90(±20%)	450.2±90(±20%)	450.2±90(±20%)	450.2±90(±20%)
11	Ar L-J: $\mathcal{E}$/K	113.5±22.7 (±20%)	113.5±22.7 (±20%)	113.5±22.7 (±20%)	113.5±22.7 (±20%)
12	C_2H_5OH hindered rotor coefficient	1.5±0.15(±10%)	1.5±0.15(±10%)	1.5±0.15(±10%)	1.5±0.15(±10%)
13	C_2H_5OH RRHO frequency 1/cm^{-1}	272.9±27.3 (±10%)	272.9±27.3 (±10%)	272.9±27.3 (±10%)	272.9±27.3 (±10%)
14	C_2H_5OH RRHO frequency 2/cm^{-1}	416.5±41.7 (±10%)	416.5±41.7 (±10%)	416.5±41.7 (±10%)	416.5±41. 7(±10%)
15	TS2 RRHO frequency 1/cm^{-1}	83.7±8.4(±10%)	115.5±11.6 (±10%)	142.7±14.3 (±10%)	158.4±15.8 (±10%)
16	TS2 RRHO frequency 2/cm^{-1}	137.9±13.8 (±10%)	204.9±20.5 (±10%)	255.5±25.6 (±10%)	281.7±28.2 (±10%)
17	TS2 RRHO frequency 3/cm^{-1}	184.5±18.5 (±10%)	265.5±26.6 (±10%)	342.6±34.3 (±10%)	383.7±38.4 (±10%)
18	TS2 RRHO frequency 4/cm^{-1}	197.7±19.8 (±10%)	275.2±27.5 (±10%)	356.0±35.6 (±10%)	399.5±40(±10%)

续表

输入参数		能量 (800K)	能量 (900~1200K)	能量 (1300~1800K)	能量 (1900~2000K)
19	TS2 hindered rotor barrier height	1.57±0.16(±10%)	1.64±0.16(±10%)	1.56±0.16(±10%)	1.60±0.16(±10%)
20	TS2 imaginary frequencies/cm^{-1}	123.0±24.6 (±20%)	200.0±40(±20%)	246.8±49.4 (±20%)	269.7±53.9 (±20%)
21	TS1 RRHO frequency/cm^{-1}	242.3±24.2 (±10%)	242.3±24.2 (±10%)	242.3±24.2 (±10%)	242.3±24.2 (±10%)
22	TS1 imaginary frequencies	1966.5±393 (±20%)	1966.5±393 (±20%)	1966.5±393 (±20%)	1966.5±393 (±20%)

注：①指的是由于变分过渡态理论得到的随着温度变化的 TS2 在不同位置的 TS2 能量。

表 10-2　C_2H_5OH 单分子解离路径上各个物种的能量[①]

状态点	QCISD(T)/CBS[②]//B3LYP/ 6-311++G**	G2M[③]//B3LYP/ 6-311G(d,p)	CCSD(T)-F12/def2- QZVPP[④]//MP2/cc-pVQZ
CH_3+CH_2OH	85.6	87.5	85.7
$C_2H_4+H_2O$	9.7	6.5	10.0
TS1	66.0	66.6	66.6

注：①这里的能量值是相对 C_2H_5OH 能量而言的，且是包括零点能的。
　　②数值来自文献。
　　③数值来自文献。
　　④数值来自文献。

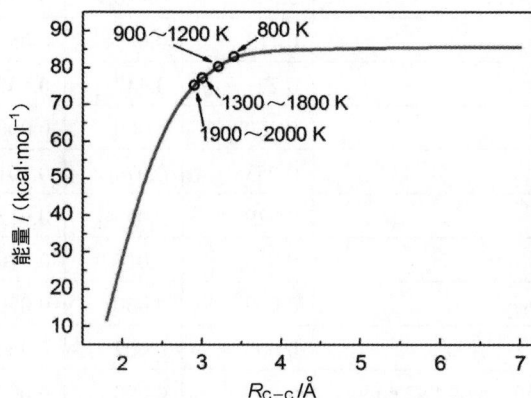

图 10-1　反应 R10-2 的解离曲线

注：采用 CASPT2(2e,2o)/cc-pVDZ 多参考态方法扫描得到的解离曲线，并且用 QCISD(T)/CBS
方法得到的解离能进行校正；图中的圈圈指出了不同温度下变分过渡态的位置。

将利用 CVT 算法结合 RRKM/主方程求解得到的速率常数，和前人利用 VRS-TST 计算得到的速率常数进行对比，在整个研究的温度和压力范围内，最大偏差在 3 倍左右。就像上一部分提到的，VRC-TST 确实可以提供精确的动力学数据，但是 CVT 算法由于具有较高的计算性价比，因此被选为进行误差分析的方法。它的变分过渡态的位置仅与温度相关，这也有利用于进行误差分析。所以说，结论是不会受变分过渡态是利用 VRC-TST 亦或是 CVT 何种处理方式影响的。

灵敏性系数的大小是输入参数对计算的速率常数的不确定性影响的一个指标。在 1500K 以及 0.001atm、0.01atm、0.1atm、1atm 和 10atm 条件下，表 10-3 列出了反应 R10-1 及 R10-2 的一阶及二阶灵敏性系数。从表中可以看出，二阶灵敏性系数是非常小的，之前 Goldsmith 等人关于正丙烷自由基氧化体系中也有类似的发现。所以，下面将重点讨论一阶灵敏性系数的温度压力变化情况。从表 10-3 中可以看出，前九个参数对一阶灵敏性系数贡献之和超过 95%，这些参数包括碰撞转移参数的指前因子项及指数项、过渡态及反应物的能量、L-J 碰撞参数以及 TS1 的虚频大小。其中，碰撞转移参数的指前因子项比指数项的灵敏性系数要大，这与两个参数的不确定范围大小的定义是相关的。

表 10-3　R10-1 及 R10-2 在 1500K 及不同压力条件下的一阶与二阶灵敏性系数

输入参数	R10-1				
	0.001atm	0.01atm	0.1atm	1atm	10atm
$C_2H_5OH <\Delta E>_{down}$ prefactor	0.558	0.446	0.286	0.136	0.047
$C_2H_5OH <\Delta E>_{down}$ T-exponent	0.112	0.089	0.057	0.028	0.010
TS1 energy	0.221	0.342	0.509	0.657	0.741
TS2 energy	0.000	0.000	0.000	0.009	0.006
C_2H_5OH energy	0.053	0.074	0.101	0.128	0.155
C_2H_5OH L-J: σ	0.029	0.023	0.015	0.007	0.003
Ar L-J: σ	0.019	0.016	0.010	0.005	0.002
TS1 imaginary frequency	0.009	0.000	0.000	0.000	0.000
TS1 RRHO frequency 1	0.000	0.002	0.004	0.007	0.010
$C_2H_5OH <\Delta E>_{down}$ prefactor &TS2 energy	0.000	0.000	0.000	0.000	0.000
TS1 energy & TS2 energy	0.000	0.000	0.000	0.000	0.000
$C_2H_5OH <\Delta E>_{down}$ prefactor &TS1 energy	0.000	0.001	0.000	0.000	0.000

续表

输入参数	R10-2				
	0.001atm	0.01atm	0.1atm	1atm	10atm
$C_2H_5OH <\Delta E>_{down}$ prefactor	0.319	0.319	0.337	0.318	0.204
$C_2H_5OH <\Delta E>_{down}$ T-exponent	0.063	0.063	0.067	0.063	0.040
TS1 energy	0.277	0.229	0.154	0.074	0.021
TS2 energy	0.281	0.311	0.359	0.455	0.589
C_2H_5OH energy	0.000	0.000	0.011	0.041	0.098
C_2H_5OH L-J: σ	0.014	0.016	0.017	0.017	0.011
Ar L-J: σ	0.008	0.010	0.011	0.001	0.007
TS1 imaginary frequency	0.008	0.010	0.011	0.011	0.007
TS1 RRHO frequency 1	0.002	0.000	0.000	0.000	0.000
$C_2H_5OH <\Delta E>_{down}$ prefactor &TS2 energy	0.004	0.002	0.002	0.002	0.000
TS1 energy & TS2 energy	0.002	0.002	0.003	0.002	0.000
$C_2H_5OH <\Delta E>_{down}$ prefactor &TS1 energy	0.006	0.005	0.004	0.003	0.000

图 10-2 及图 10-3 分别给出了 R10-1 及 R10-2 两个反应的灵敏性系数大小随着温度和压力的变化情况。可以看出，对于这两个反应，反应物和过渡态的能量都是高灵敏性系数的参数。过渡态能量的灵敏性系数是大于反应物能量的灵敏性系数的，这一点也与对两者能量误差范围的定义有关，如过渡态能量的误差范围被定义为反应物能量的 2 倍。除了能量参数之外，可以看到能量转移碰撞参数对两个反应都具有较大的灵敏性系数。能量转移碰撞参数的指前因子项具有更大的灵敏性系数，这一现象在之前 Goldsmith 等人关于正丙烷自由基氧化反应体系中的研究中也被提出过，故本研究再次证明了能量转移碰撞参数的重要性，尤其是它的指前因子项。这也为未来的动力学研究工作指明了一个方向，缩小能量转移碰撞参数的误差范围将会大大减小压力依赖下的动力学计算的不确定性。Jasper 等人建议基于轨迹计算的碰撞传递速度结合二维主方程求解，这样可以提供更准确的对碰撞转移过程的处理。表 10-3 给出了 R10-1 及 R10-2 两个反应在 1500K 及不同压力条件下的一阶与二阶灵敏性系数，可以看到其他的一些参数譬如过渡态的虚频模式及 L-J 参数具有较小的灵敏性系数。另外值得一提的是，图 10-3 中灵敏性系数曲线呈现出稍微不平滑性，这是由于变分过渡态位置（即 TS2 参数的性质）是随着温度发生变化引起的。

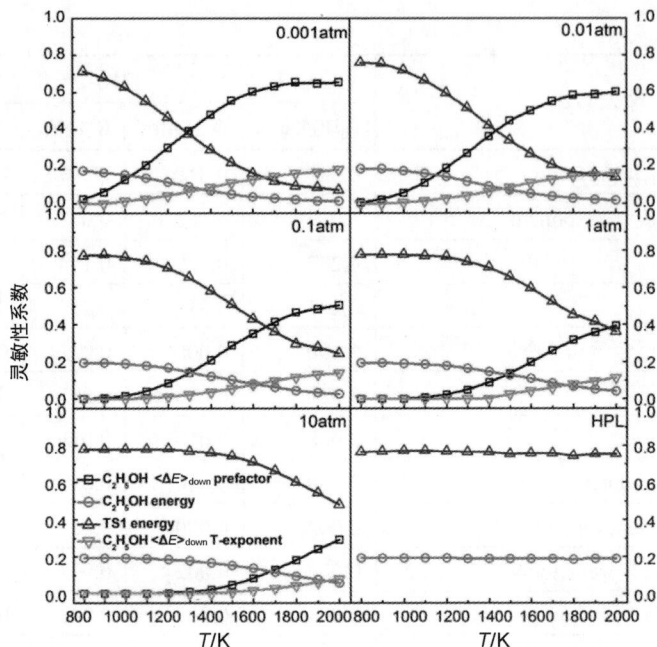

图 10-2　反应 R10-1 主要参数的灵敏性系数随温度和压力的变化

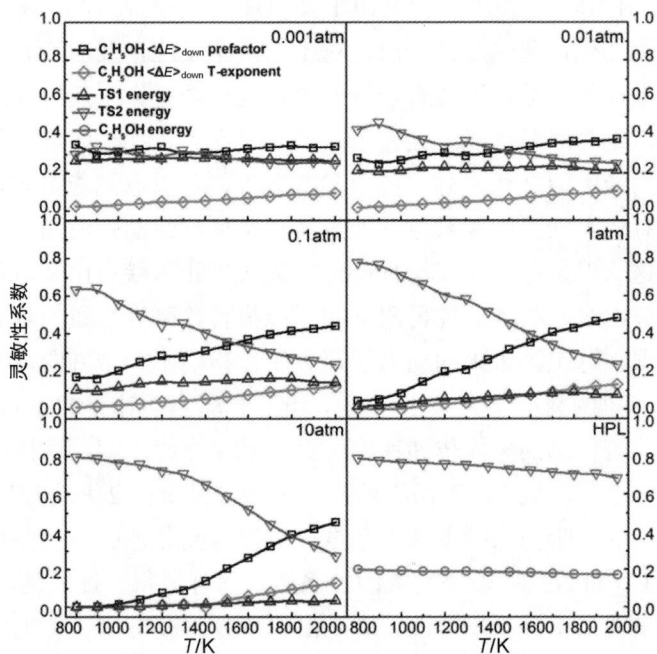

图 10-3　反应 R10-2 主要参数的灵敏性系数随温度和压力的变化

碰撞能量转移参数（包括$<\Delta E>_{down}$参数及 L-J 参数）的影响随着温度的升高和压力的降低将变得越来越重要。这是由于随着温度的升高和压力的降低，碰撞能量转移和微正则分解速率两者之间变得越来越有竞争。更有意思的是，对于k_2，除了预期的$<\Delta E>_{down}$参数及 TS2 能量参数会具有较大的灵敏性系数，TS1 的能量参数也具有一定的灵敏性系数，即该参数对k_2也起到不可忽视的作用；还有一点需要注意的是，反应物的能量仅仅在高压时才起到微弱的作用。这些发现表明，在 TS2 能量附近态的布居将会很大程度上受主要反应路径 R10-1 的反应速率影响，特别是在低压下。从本质上来看，R10-1 分解路径与碰撞活化到 TS2 能量以上过程两者之间的竞争关系将会对k_2产生较强的灵敏性。下面将会给出一个更详细的关于竞争关系的讨论。

10.3.2 不确定性分析

正如上面提到的，一般情况下速率常数是符合对数坐标分布的，故在本节中将选择 ln$k$ 作为进行不确定分析的目标。图 10-4 给出了在 1500K 及 0.01atm 下 k_2 和 lnk_2 的正则化概率布居的对比情况，从中可以看出，速率常数是符合对数坐标分布的，再次说明了选择 ln$k$ 的合理性。图 10-5 给出了在 1500K 及 0.01atm、高压极限下的速率常数 k_1 及 k_2 的正则化概率布居情况，这里是以 lg($k/k_{nominal}$)为横坐标的。图中 k_1 及 k_2 布居的宽度代表的是速率常数整体的不确定性，分布越宽，则表示速率常数分布越离散，不确定性越大。通过对比发现在 0.01atm 下 k_2 比 k_1 具有更大的不确定性；而在高压极限下，k_1 及 k_2 具有相似的不确定性，详细的解释将在下面的讨论中给出。

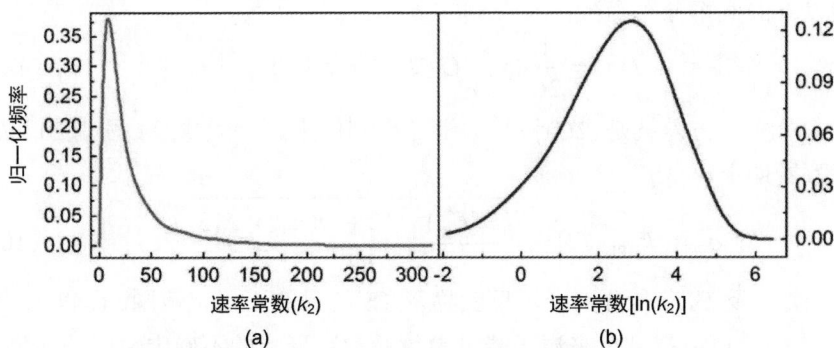

图 10-4　1500K 及 0.01atm 条件下 R10-2 的速率常数的
正则化概率布居

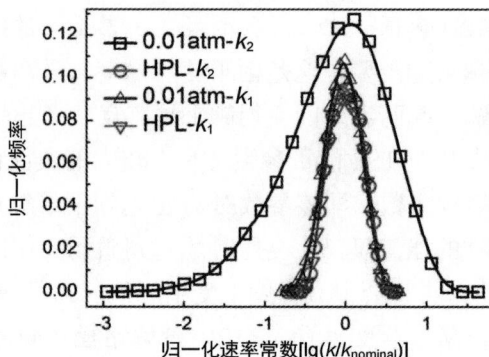

图 10-5　R10-1 及 R10-2 的速率常数的正则化概率布居的对比

首先来解释高压极限下不确定性大小的影响因素。高压极限下速率常数可以通过过渡态理论得到，如

$$k_{HPL}(T) = \frac{k_B T}{h} \times \frac{Q^{\neq}}{Q_R} \times \exp\left(-\frac{\varepsilon^*}{RT}\right) \tag{10-7}$$

式中，k_B 是玻尔兹曼常数；h 是普朗克常量；ε^* 是反应能垒；$Q^{\neq}$、Q_R 分别是过渡态和反应物的配分函数。那么对数形式的速率常数的表达式如下：

$$\ln k_{HPL}(T) = \ln \frac{k_B T}{h} + \ln(Q^{\neq}) - \ln(Q_R) - \varepsilon^* / RT \tag{10-8}$$

由式（10-8）可以看出，$\ln k_{HPL}$ 的不确定性主要来源于能量以及配分函数，且会被削弱。将来源于能量参数的偏差可以写成如下形式：

$$D_E[\ln k_{HPL}(T)] = (1/RT)^2 D(\varepsilon^*) \tag{10-9}$$

这里 $D(\varepsilon^*) = D(E_{TS} - E_R)$，过渡态及反应物能量被假定是符合均匀分布的，即满足以下的概率分布函数：

$$f(x) = \frac{1}{2C}(x_0 - C \leqslant x \leqslant x_0 + C) \tag{10-10}$$

均匀分布的方差就是 $(2C)^2 / 12$。于是得到仅来源于能量参数引起的 $\ln k_{HPL}(T)$ 的标准方差如下：

$$\sigma_E[\ln k_{HPL}(T)] = \frac{\sqrt{D(E_R)^2 / 12 + D(E_{TS})^2 / 12}}{RT} \tag{10-11}$$

式中，$D(E_R)$ 及 $D(E_{TS})$ 分别表示反应物及 TS 能量的不确定范围。比较式（10-11）及式（10-6），可以得到仅来源于能量参数的对数形式的不确定性因子，如下：

$$\ln U_E = 1.96\sigma = 1.96 \frac{\sqrt{(\Delta R)^2 / 12 + (\Delta TS)^2 / 12}}{RT} \tag{10-12}$$

仅来源于能量参数的不确定性因子，也可以由灵敏性分析的结果得到，如在图 10-2 及图 10-3 中已经给出了各个参数的灵敏性系数，将总的不确定性乘以各个参数的灵敏性系数即可得到该参数的不确定性。

接下来讨论的是频率这一参数对 TST 理论计算得到的速率常数不确定性的影响。在高温下，配分函数和频率是成一定比例关系的，故它的方差可以根据简单的类比表达式（10-11）得到，譬如 $\sigma_{v_i} = [(\Delta v_i)^2 / 12]^{1/2} / v_i$；$\sigma_{v_i b} = [\sum (v_i^2)]^{1/2}$。对于 R10-1，共有 4 个振动模式，对方差总的贡献是 0.11；对于 R10-2，共有 6 个振动模式，对方差总的贡献是 0.14。这些方差数值结合表达式（10-11），可以得到两者的不确定性分别是 1.25 及 1.31。另外，来源于阻尼转动模型参数对总方差的贡献是很小的。在选定的能量参数的不确定性范围内，将振动频率的方差对比能量参数的方差，发现频率参数对总的方差的贡献仅在 0.1 左右，由表 10-4 的对比也可以看出，在高压极限下，总的不确定性主要来源于能量参数。若能量参数有更小的不确定性，则频率参数可能会对总的不确定性起到一定的作用。

表 10-4 高压极限及不同温度条件下的速率常数的不确定性因子

T/K	$U_T(k_1)$[①]	$U_T(k_2)$[①]	$U_{E1}(k_1)$[②]	$U_{E1}(k_2)$[②]	$U_{E2}(k)$[③]
800	5.0	5.0	4.8	4.9	4.9
900	4.2	4.2	4.1	4.1	4.1
1000	3.6	3.7	3.5	3.6	3.6
1100	3.2	3.3	3.2	3.2	3.2
1200	2.9	3.0	2.9	2.9	2.9
1300	2.7	2.7	2.7	2.7	2.7
1400	2.5	2.6	2.5	2.5	2.5
1500	2.4	2.4	2.3	2.3	2.4
1600	2.3	2.3	2.2	2.2	2.2
1700	2.2	2.2	2.1	2.1	2.1
1800	2.1	2.1	2.0	2.0	2.0
1900	2.1	2.1	2.0	2.0	2.0
2000	1.9	2.0	1.9	1.9	1.9

注：①U_T 代表由蒙特卡洛算法得到的 k_1 及 k_2 的不确定性因子。
②U_{E1} 代表由总的不确定性因子乘以能量参数的灵敏性系数得到的 k_1 及 k_2 的不确定性因子。
③$U_{E2}(k)$ 代表由式（6-12）得到的不确定性因子，也是仅来源于能量参数的不确定性。

表 10-5 列出了在 1000K 及不同的压力条件下 k_1 及 k_2 的不确定性，从中可以看出 k_1 的不确定性随着温度和压力的变化并不是很明显。鉴于在表 10-1 中列出的各个输入参数的不确定范围的基础上，得到的反应 R10-1 的不确定性因子在 800～2000K 的温度范围内是不超过 5 的。但是，和相对稳定且具有较低的不确定性的 k_1 相比，k_2 的不确定性随着压力的升高而降低，这一点是和计算得到的速率常数的几率分布（图 10-5）相一致的。正如图 10-3 中的灵敏性系数所示，k_2 的计算误差来源主要包括 $<\Delta E>_{down}$ 参数、TS2 能量参数及 TS1 能量参数。它的灵敏性既和 R10-1 路径的参数相关，又与 R10-2 路径的参数相关，这表明了两条路径之间的竞争关系将会对 k_2 的不确定性产生重要的影响。

表 10-5　1000K 及不同压力条件下 k_1 及 k_2 的不确定性因子

反应路径	不确定性因子					
	0.001atm	0.01atm	0.1atm	1atm	10atm	HPL
k_1	3.4	3.4	3.5	3.6	3.6	3.6
k_2	163.4	23.4	7.5	4.4	3.7	3.7

下面用 Lindemann 机理来简单解释 k_2 的不确定性对两者之间竞争关系的依赖性。对于一个简单的反应体系，譬如只有两条竞争的分解路径时，正好也是对应本节中所研究的情况，此时 Lindemann 机理可写成：

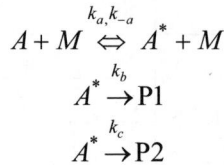

$$A + M \overset{k_a, k_{-a}}{\Longleftrightarrow} A^* + M$$

$$A^* \overset{k_b}{\rightarrow} P1$$

$$A^* \overset{k_c}{\rightarrow} P2$$

对 A^* 运用稳态近似假设，两条路径的速率常数可以写成如下形式：

$$k_{P1} = \frac{k_b k_a [M]}{k_{-a}[M] + k_b + k_c} \quad (10\text{-}13a)$$

$$k_{P2} = \frac{k_c k_a [M]}{k_{-a}[M] + k_b + k_c} \quad (10\text{-}13b)$$

那么它们对应的低压极限的速率常数分别为

$$k_{P1}^{LPL} = \frac{k_b k_a [M]}{k_b + k_c} \quad (10\text{-}13c)$$

$$k_{P2}^{LPL} = \frac{k_c k_a [M]}{k_b + k_c} \quad (10\text{-}13d)$$

最终可以得到它们的自然对数的方差，如下：

$$D(\ln k_{P1}^{LPL}) = D\left\{\ln \frac{k_b}{k_b + k_c}\right\} + D(\ln k_a) + D(\ln[M]) \qquad (10\text{-}14a)$$

$$D(\ln k_{P2}^{LPL}) = D\left\{\ln \frac{k_c}{k_b + k_c}\right\} + D(\ln k_a) + D(\ln[M]) \qquad (10\text{-}14b)$$

如果 k_b 等于 k_c，那么从上式可以看出两条路径的不确定性是相同的。然而，随着两条路径能垒差的增加，k_b 与 k_c 之间的区别加大，导致两条路径之间的不确定性有很大的差异。需要特别注意的是，如果 P1 是主要贡献路径，即 $k_b \gg k_c$，$\ln k_{P1}^{LPL}$ 方差公式中的第一项 $D\{\ln[k_b / (k_b + k_c)]\}$ 的影响即可消失，然而对于 $\ln k_{P2}^{LPL}$ 的方差中第一项 $D\{\ln[k_c / (k_b + k_c)]\}$ 将会成为很重要的一项。综上可知，k_2 的不确定性是要远远大于 k_1。

压力依赖的速率常数的不确定性并不能简单地从上述表达式中推导出来。于是，设计了一系列的蒙特卡洛模拟来探究不同路径间的能垒差和不确定性之间的关系。为了达到这一研究目的，以反应 R10-1 作参考，设计了除反应能垒不同之外，其他参数完全相同的两个反应，分别叫作 R6-1 与 R6-1a。通过改变 R6-1a 的能垒，从而改变两个反应之间的能垒差，即改变两者之间的竞争关系，进而对两者进行误差分析。同时，通过调整$<\Delta E>_{down}$ 参数的指前因子的不确定范围为±20%，

和之前的±50%的情况进行对比，进而去分析$<\Delta E>_{down}$ 参数的指前因子项对不确定性大小的影响。图 10-6 描述了在 1500K 及 0.1atm 下的测试结果，其中横坐标轴表示的是 TS1 及 TS1a 之间的能垒差，纵坐标轴是不确定性因子的结果。当$<\Delta E>_{down}$ 参数的指前因子的不确定范围为由 ±50%变为±20%后，k_1 的不确定性降低了 10%～30%，而 k_{1a} 的不确定性降低了 10%～60%。同时，发现这些变化对两者之间的能垒差有较弱的依赖性。图 10-6 清晰地描述了两条竞争路径之间的能垒差对它们速率

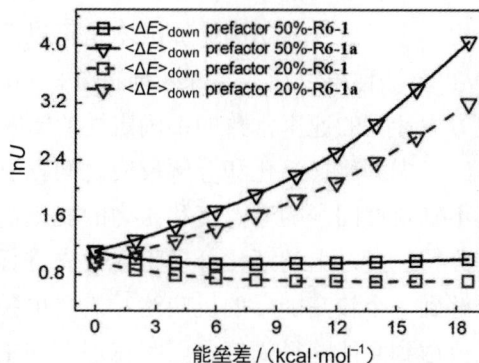

图 10-6　R6-1 及 R6-1a 不同$<\Delta E>_{down}$参数的指前因子引起的不确定性变化

注：通过改变 TS1 及 TS1a 之间的能量差，得到一系列变化的不确定性因子，这里 R6-1a 是一个除了反应能垒之外的其他参数与 R6-1 完全相同的反应；虚线和实线分别代表的是碰撞转移参数的指数项有不同的不确定范围。

常数的不确定性的影响。随着能垒差的增大，非主要路径 R6-1a 对应速率常数的不确定性因子迅速地升高。当两者之间的能垒差达到 20kcal·mol^{-1} 时，R6-1a 对应速率常数的不确定性因子比 R6-1 的不确定性因子快了约一个量级。

图 10-7 描述了在所有研究的温度和压力范围内 k_1 及 k_2 的不确定性因子的变化情况。在计算的时候将置信区间设置为 95%。总体来说，k_1 及 k_2 的不确定性因子都是随着压力的降低而升高的，这要归因于碰撞模型及碰撞能量转移和化学反应之间的相互作用等带来的不确定性。对于能量布居在能垒差范围内（TS1 与 TS2 的差值区间）的情况，碰撞活化和分解反应两者之间将会相互竞争，从而引起 k_2 的不确定性受温度和压力的影响是远远大于 k_1 的。对于 k_2 的不确定性曲线，随着温度的变化可以看到很明显的不光滑性，譬如在 900K、1300K 和 1900K 的时候，这是由于对于 R10-2 应用了正则变分过渡态理论去决定变分过渡态的位置，这一位置是与温度相关的，从而导致 TS1 与 TS2 两者之间的能量差随着温度发生了变化（可参见图 10-1 中变分过渡态的位置）。图 10-1 中给出了变分过渡态的位置及能垒变化情况，在 800K 时 TS2 对应能垒为 83.04kcal·mol^{-1}；在 900～1200K 时对应能垒为 80.30kcal·mol^{-1}；在 1300～1800K 时对应能垒为 77.31kcal·mol^{-1}；在 1900～2000K 时对应能垒为 75.27kcal·mol^{-1}。这一变化的能垒导致了两条路径和碰撞活化过程之间竞争关系的变化，从而引起 k_2 不确定性的变化。正如之前提到的，CVT 算法对速率常数的计算不一定是很精确的，但是它却更适合进行 HDMR 分析，由于这一算法的计算成本是可以接受的。并且从这里的分析也可以看出，CVT 算法也可以让人更深入地去分析两条路径之间的竞争关系的变化对 RRKM/主方程计算的速率常数的不确定性的影响。

考虑到碰撞活化和分解反应之间竞争的物理意义，将有助于解释观察到的 k_2 的不确定性因子随着温度和压力的变化情况。在低压极限下，被碰撞活化后，达到分解能量之上的活化分子将会优先进行分解，相比再一次的碰撞而言。所以说分解到一个较高能量的反应路径需要单独的一步碰撞激发，使其可以从低能路径阈值达到高能路径阈值之上。在现有的主方程模型中，这一情况发生的几率是与 $\exp[-(E_{TS2} - E_{TS1})/\langle\Delta E\rangle_{down}]$ 这一表达式成比例的。由该表达式可以看出这一概率的不确定性对两条路径的能量差及能量转移碰撞参数的不确定性具有指数依赖关系。当两条路径之间存在较大的能垒差时，这一概率很小，它的不确定性也将会是很小的数量级。很明显，对于较大的碰撞能量转移参数，比如在高温时，这个概率的不确定性将会是很小的。有意思的是，随着压力的升高，碰撞活化可以通过多步碰撞发生，故对碰撞能量转移参数的依赖性将会被改善。在高压极限下，碰撞是快速的，故活化分子是满足玻尔兹曼布居的，此时对碰撞能量转移参数的依赖性完全消失了。

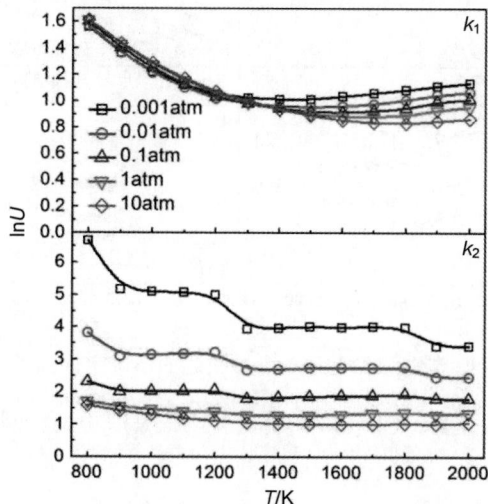

图 10-7 k_1 及 k_2 的不确定性因子随温度和压力的变化

不确定性的传递是如何通过输入参数的不确定性传递到计算的速率常数的呢？这一过程是很复杂的，因为有的输入参数对输出是正相关的，而有的输入参数是负相关的。有意思的是，在这项工作中，将输入参数分成三大类：能量参数、碰撞参数及频率参数。其中能量参数包括所有反应物和过渡态的能量参数，碰撞参数指的是反应物的能量碰撞转移参数的指前因子及指数项，还有反应物及惰性气体的 L-J 参数；频率参数指的是 TS 的虚频模式及其他低频振动模式等。图 10-8 给出了能量参数和碰撞参数对两个反应带来的不确定性因子的大小。从之前的分析可以知道，对该体系而言，频率参数的影响极小，故此处的讨论忽略了频率参数。从图 10-8 中可以看出，来源于能量参数的 k_1 的不确定性随着温度的升高而降低，而碰撞参数对温度有正相关性。大部分来源于能量参数的 k_2 的不确定性随着温度的升高而降低，但是由于变分效应的存在，也存在一些反常的情况。来源于碰撞参数的 k_2 的不确定性是十分复杂的，这是由于这一路径将会受到碰撞活化和分解路径之间竞争关系的影响。在未来的工作中，选择更典型的分子体系，进行详细的全局不确定性分析，来探索不同种类的参数的误差传递过程，将会是很有意义的。

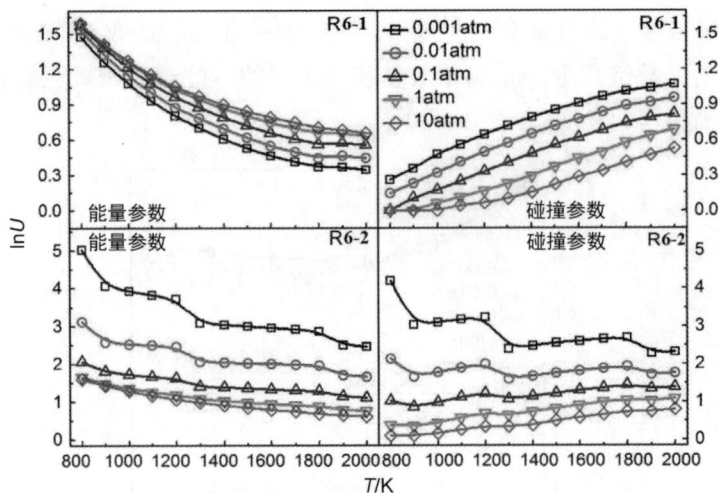

图 10-8　能量参数与碰撞参数引起的不确定性因子大小

注：不同参数对 k_1 及 k_2 的不确定性因子的贡献随着温度（800～2000K）和压力的变化情况，这里将参数分为两大类：能量参数（包括反应物和过渡态的能量）与碰撞参数（包括能量碰撞转移的指前因子、指数项及 L-J 参数等）。

10.4　小　　结

在本章中，以乙醇分子的解离反应为例探究了在 RRKM/主方程的计算过程中误差的传递。乙醇分解反应的温度和压力依赖的动力学计算，包括一条直接脱水反应和一条无明显势垒的 C—C 键解离反应，是通过正则变分过渡态理论结合 RRKM/主方程计算得到的。对于一些重要的参数，根据经验指定了它的不确定性，通过 RS-HDMR 方法结合全局不确定性和灵敏性分析去探究了这些参数的误差传递过程及对最终速率常数的不确定性的影响。根据灵敏性分析，在所研究的温度和压力范围下，二阶灵敏性系数是很小的。能量转移碰撞参数及反应物和过渡态的能量对所有反应的不确定性都具有很大的贡献。两条反应通道的灵敏性系数的区别是由碰撞活化和分解之间的竞争关系决定的。两条反应通道的速率常数在高压极限下具有很类似的不确定性因子。这是由于在高压极限下，反应的不确定性主要是由反应物和过渡态的能量参数决定的。在有限的压力条件下，C—C 直接断键反应的不确定性是大于脱水反应的不确定性。这是由于前者的不确定性是和碰撞能量转移参数相关的，更重要的是和两个过渡态之间的能量差相关联。尽管只是选择乙醇作为一个例子来研究，但是得到的结论并不仅仅局限于这一例子。本章的工作为更普遍的反应体系在 RRKM/主方程的计算中不确定性的参数化指明了方向。然而，不确定来源、温度和压力依赖性等将会随着不同反应体系而变化的，这些还需要更进一步的全局不确定性分析。举个例子，对于有更多低频振动模式的反应体系（相比乙醇体系而言），频率参数对速率常数的不确定性的贡献将会变大。HDMR 算法为研究 RRKM/主方程计算过程中误差的传递提供了强有力的工具支撑。在这项工作中通过对 RRKM/主方程计算过程中参数化不确定性分析的研究，为未来精确的动力学计算提供了很有价值的信息，曾受到 Combust. Flame 期刊多位审稿人和编辑的一致好评，称该工作是十分有趣且有价值的。对于更复杂的反应体系，譬如有多个竞争路径的体系，关于它的压力和温度依赖的理论计算的动力学数据的不确定性评估工作，将具有重要的意义。

第 11 章   结论与展望

为深入了解低温氧化反应机理，本书通过典型替代燃料组分的选取，探索其低温燃烧反应动力学机理，提供了精确的热力学和动力学数据，完善了反应机理，为未来低温氧化模型的全面发展提供了重要的理论依据和支撑。具体来说，本书主要是利用高精度理论计算手段，选取典型的替代燃料组分如环烷烃、二甲醚等，开展了详细的低温氧化反应动力学探究。采用的理论策略是首先通过高精度的量化计算，实现反应路径的计算，完善现有的反应机理；再利用 RRKM 理论结合主方程精确求解温度和压力依赖的速率常数。

具体的研究方法及主要成果如下。

选取甲基环己烷作为环烷烃的代表，使氧气进攻不同的甲基环己烷自由基位点，进而对其开展一系列中低温氧化反应动力学特性的探究。这些不同的结构分别包括甲基环己烷侧链自由基位点 $cy\text{-}C_6H_{11}CH_2^*$、甲基环己烷环上的三级碳自由基位点 $^tcy\text{-}C_6H_{10}(*)CH_3$ 和甲基环己烷环上的二级碳自由基位点 $ortho\text{-}cy\text{-}C_6H_{10}(*)CH_3$。通过 QCISD(T)/CBS//B3LYP/6-311++G(d,p)方法计算不同结构的反应路径，结合 RRKM/主方程的求解，得到了温度和压力依赖的速率常数。根据这些动力学数据，得到了链分支、链传递、链终止等不同通道之间的分支比，给出了反应结构与反应活性之间的依赖关系。在研究的温度范围内（400~1500K），发现 RO_2 的生成主导了甲基环己烷自由基与 O_2 在高于 1atm 的压力下反应的命运。在低温氧化反应活性和分子结构之间的依赖关系中，RO_2 的 1,5 氢迁移反应能垒大小起到了关键作用。将环己基甲基过氧自由基（$cy\text{-}C_6H_{11}CH_2OO$）的分子结构与链状烷基过氧自由基进行比较，显示出 $cy\text{-}C_6H_{11}CH_2OO$ 的 1,5 氢迁移反应比 1,6 氢迁移更具有竞争力。与环己烷自由基氧化体系相比，环烷烃中甲基的存在促进了相应 RO_2 的 1,5 氢迁移反应，加速了整体低温链分支反应速率，这为甲基环己烷的反应活性提供了理论依据。更为重要的是，本书的计算结果为未来其他环烷烃低温氧化模型的发展提供了有价值的动力学数据。

为了对低温氧化机理的全面了解，本书选取了一类典型的中间体即羰基氢过氧化物，由于分子中存在较弱的 O—OH 键，易发生解离反应，故羰基氢过氧化物对低温氧化反应机理的链分支反应扮演着重要角色。于是在本书中选取二甲醚（DME）

的低温氧化机理中的关键性中间体羰基氢过氧化物（分子式为 HOOCH$_2$OCHO）开展一系列的高精度理论计算工作。首先利用 QCISD(T)/CBS//B3LYP/6-311++G(d,p)方法对 HOOCH$_2$OCHO 的单分子解离路径进行了计算探究，再通过微正则变分过渡态理论结合 RRKM/主方程的计算，求解了温度和压力依赖的速率常数，给出了单分子解离不同路径的分支比。计算结果表明除了 OH 及 OCH$_2$OCHO 双分子产物生成之外，生成甲酸和 Criegee 的双分子产物路径也是存在的，然而在 DME 的低温氧化模型中并未考虑过 Criegee 物种的存在。本书的动力学计算结果表明这一路径是可以和直接脱去 OH 的解离路径相互竞争的，新的分支比将在一定程度上降低 DME 低温氧化反应活性，会对未来 DME 低温氧化反应模型中反应活性的预测带来影响。

对于羰基氢过氧化物的其他消耗途径，如与 OH 的反应等，目前并不是很清楚。故接下来还开展了羰基氢过氧化物与 OH 反应动力学探究。在这项工作中，选取戊烷低温氧化过程中羰基氢过氧化物（4-氢过氧基-2-戊酮，分子式是 CH$_3$C(=O)CH$_2$CH(OOH)CH$_3$）为模型化合物，进行了 H 原子提取反应和 OH 加成反应的探究。通过一系列的密度泛函方法测试结合高精度 CCSD(T)-F12a/jun-cc-pVTZ 基准计算，选取了误差最小（0.51kcal·mol^{-1}）的密度泛函方法 M08HX/jul-cc-pVTZ 进行后续计算。通过多结构扭转非谐性方法（MS-T）的计算，得到了以前缺少的热化学数据；并且利用多路径变分过渡状态理论（MP-VTST）、多维隧穿近似、多结构非谐性和扭转势非谐性等，获得了更准确的动力学数据，同时阐明了这些因素在确定动力学数据过程中的作用。对于加成反应的压力依赖的速率常数，使用系统特异性量子 RRK 理论（System-Specific Quantum RRK）进行了计算。发现多结构非谐性对热力学数据有很大的影响，其对速率常数有 0.2～12 倍的影响。变分效应在速率常数的确定中起重要作用，并且在低温下可引起速率常数约 10 倍的偏差。发现隧穿效应也是不能忽视的，如其中一条反应路径的隧穿系数在 298K 时约为 4，在 250K 时高达 10。发现速率常数最快的反应并不一定拥有最低的反应能垒，该结果反映了变分效应和多结构扭转非谐性的关键作用。在这项工作中确定的准确的热力学和动力学数据对碳氢化合物和替代燃料的点火特性的详细了解和预测的意义重大。

本书采用不同的高精度量子化学方法分别计算了糠醇的单分子解离、糠醇自由基与氧气和糠醇与羟基的反应路径，采用 RRKM/主方程方法分别计算了宽范围的速率常数 $k(T, p)$，研究了不同反应的温度和压力依赖性行为，得到了关于糠醇燃料在燃烧过程中产生的主要物质。在糠醇单分子解离的反应中，研究结果表明：

在高压极限条件下，糠醇单分子解离初步的主要反应途径是通过 1,2 H 转移形成中间体 INT2，在压力小于或等于 1atm、高温的条件下，双分子 3-丁炔-1-醇和一氧化碳是主要的产物；在糠醇自由基与氧气的反应中，研究结果表明，过氧化物 $RO_{2ε}$ 是在低温条件下的主要产物。当温度为 500K、压力为 0.01atm 时，$RO_{2ε}$ 占反应物总消耗的 78.5%，当压力为 1atm 时占总反应物消耗的 80.6%。此外，糠醛（P21）和 HO_2 是整个研究条件下的主要产物（在 p=0.01atm 和 T=700K 时占反应物总消耗的 76%），是通过三种过氧化物共同消除 HO_2 机制形成的；在糠醇与羟基的反应中，研究结果表明：在温度小于或等于 2300K 时，侧链提取 H 的速率常数比环提取 H 的速率常数快。总速率常数的温度依赖行为与前人对其他呋喃（如呋喃、2-甲基呋喃和 2,5-二甲基呋喃）的实验研究一致。糠醇的总速率常数仅在低温下表现出轻微的正压力依赖性，并且在温度低于 1300K 时，糠醇与羟基反应时，OH 加成的途径占优势。糠醇燃料分子不含硫、氮和磷元素，对其在燃烧过程中产生的主要物质的结果进行分析和讨论得到，糠醇燃料相较于汽油和柴油等化石燃料，并不会产生对环境有害的二氧化硫、氮氧化物、磷氧化物和黑烟等颗粒物等，且可以在糠醇燃料燃烧时，通过控制一定温度和压力产生与实际需求相符合的物质，这为内燃机的高效清洁燃烧设计提供了基础，同样也为糠醇燃料与传统燃料混合用于内燃机上的应用提供了理论指导。

通过以上研究案例，发现精确的理论计算对低温氧化反应动力学的发展是至关重要的，明白理论计算过程中的误差大小以及误差传递过程对未来精确的理论计算来说是必不可少的。在第 10 章中，以乙醇的单分子解离体系为例，通过全局不确定性和灵敏度分析（RS-HDMR 算法），剖析了输入参数（例如能垒高度、频率和碰撞能量传递参数等）的不确定性传递与由 RRKM/主方程方法计算的速率常数的不确定性传递过程。根据灵敏性分析的结果，发现在所研究的温度（800～2000K）和压力（0.001～10atm）范围内，二阶灵敏性系数是很小的。能量转移碰撞参数及反应物和过渡态的能量对所有反应的不确定性都具有很大的贡献。两条反应通道的灵敏性系数的区别是由碰撞活化和分解之间的竞争关系决定的。两条反应通道的速率常数在高压极限下具有很相似的不确定性因子，这是由于在高压极限下，反应的不确定性主要是由反应物和过渡态的能量参数决定的。在有限的压力条件下，C—C 直接断键反应的不确定性是大于脱水反应的不确定性；这是由于前者的不确定性是和碰撞能量转移参数相关的，更重要的是和两个过渡态之间的能量差相关联的。在这项工作中通过对 RRKM/主方程计算过程中由参数引起的不确定性分析的研究，为未来精确的动力学计算提供了很有价值的信息。

对未来工作的展望如下。

对于链烷烃和环烷烃，其低温氧化反应动力学存在相似性，也有很大的差异性，故对环烷烃的机理若是通过类比链烷烃将会引起较大的误差，其精确的反应动力学数据的缺乏大大抑制了环烷烃动力学模型的发展，这一点希望能在未来的工作中得到解决。

在低温氧化反应机理中有很多关键中间体，这些中间体有的可以被实验测量得到，有的还未能观测到，但是却对低温氧化反应活性至关重要，譬如 QOOH、OOQOOH、KHP 等，对于这些物种的消耗路径的精确计算可以为实验测量提供理论依据及为实验探究指明方向等，但是对于很多替代燃料组分，这一动力学数据是匮乏的。

对于大分子燃料，由于较高的计算成本的限制，选择的计算精度得到的结果往往不尽人意，如何获得性价比较高的计算方法将会是未来研究的重点。具体来说，对于量化方法，可以选择一些发展良好的泛函方法，或者使用一些组合方法等从而缩小计算误差；对于动力学计算方法，第一原理直接动力学计算（如 Polyrate）虽兼顾了变分效应、隧穿效应等的处理，但是计算昂贵，希望未来这一算法可以得到优化，使其可以用到大分子燃料的计算上来。

对于碰撞能量转移，目前大多使用的是经验参数，鉴于这一参数对速率常数计算的较高灵敏性，它的重要性和核心地位是不言而喻的，未来希望可以对其开展更多探究。多结构非谐性和扭转非谐性对精确的热力学和动力学数据有很大的影响，特别是对长链烷烃而言，由于扭转产生的构象较多，造成计算成本剧增，故亟待解决该问题，同时可以兼顾对非谐性效应的处理。不确定来源、温度和压力依赖性等将会随着不同反应体系而变化的，这些还需要更进一步的全局不确定性分析，譬如对于多势阱多通道反应体系的探究。

参 考 文 献

[1]   中华人民共和国环境保护部、国家统计局、农业部. 第一次全国污染源普查公报[R]. 2010.

[2]   A L. The Carcinogenic Effects of Polycyclic Aromatic Hydrocarbons[M]. London: Imperial College Press. 2005.

[3]   ADLER T B, KNIZIA G, WERNER H J. A simple and efficient CCSD(T)- F12 approximation[J]. Journal of Chemical Physics, 2007, 127(22): 221106.

[4]   AGOSTA A, CERNANSKY N P, MILLER D L, et al. Reference components of jet fuels: kinetic modeling and experimental results[J]. Experimental Thermal And Fluid Science, 2004, 28(7): 701-708.

[5]   ALECU I M, ZHENG J, ZHAO Y, et al. Computational Thermochemistry: Scale Factor Databases and Scale Factors for Vibrational Frequencies Obtained from Electronic Model Chemistries[J]. Journal of Chemical Theory And Computation, 2010, 6(9): 2872-2887.

[6]   ALıŞ Ö F, RABITZ H. Efficient Implementation of High Dimensional Model Representations[J]. Journal of Mathematical Chemistry, 2001, 29(2): 127-142.

[7]   ALLEN J W, SCHEER A M, GAO C W, et al. A coordinated investigation of the combustion chemistry of diisopropyl ketone, a prototype for biofuels produced by endophytic fungi[J]. Combustion And Flame, 2014, 161(3): 711-724.

[8]   ANDERSEN A, CARTER E A. Hybrid Density Functional Theory Predictions of Low-Temperature Dimethyl Ether Combustion Pathways. II. Chain-Branching Energetics and Possible Role of the Criegee Intermediate[J]. Journal of Physical Chemistry A, 2003, 107(44): 9463-9478.

[9]   ANDERSEN A, CARTER E A. First-principles-derived kinetics of the reactions involved in low-temperature dimethyl ether oxidation[J]. Molecular Physics, 2008, 106(2-4): 367-396.

[10]   ARCOUMANIS C, BAE C, CROOKES R, et al. The potential of di-methyl

ether (DME) as an alternative fuel for compression-ignition engines: A review[J]. FUEL, 2008, 87(7): 1014-1030.

[11] ASATRYAN R, BOZZELLI J W. Chain Branching and Termination in the Low-Temperature Combustion of n-Alkanes: 2-Pentyl Radical + O_2, Isomerization and Association of the Second O_2[J]. Journal of Physical Chemistry A, 2010, 114(29): 7693-7708.

[12] BAO J L, MEANA-PANEDA R, TRUHLAR D. G. Multi-path variational transition state theory for chiral molecules: the site-dependent kinetics for abstraction of hydrogen from 2-butanol by hydroperoxyl radical, analysis of hydrogen bonding in the transition state, and dramatic temperature dependence of the activation energy[J]. Chemical Science, 2015, 6(10): 5866-5881.

[13] BAO J L, SRIPA P, TRUHLAR D G. Path-dependent variational effects and multidimensional tunneling in multi-path variational transition state theory: rate constants calculated for the reactions of HO_2 with tert-butanol by including all 46 paths for abstraction at C and all six paths for abstraction at O[J]. Physical Chemistry Chemical Physics, 2016, 18(2): 1032-1041.

[14] BAO J L, TRUHLAR D G. Silane-initiated nucleation in chemically active plasmas: validation of density functionals, mechanisms, and pressure-dependent variational transition state calculations[J]. Physical Chemistry Chemical Physics, 2016, 18(15): 10097-10108.

[15] BAO J L, XING L, TRUHLAR D G. Dual-level method for estimating multi-structural partition functions with torsional anharmonicity[J]. Journal of Chemical Theory And Computation, 2017, 13: 2511-2522.

[16] BAO J L, ZHANG X, TRUHLAR D G. Predicting pressure-dependent unimolecular rate constants using variational transition state theory with multidimensional tunneling combined with system-specific quantum RRK theory: a definitive test for fluoroform dissociation[J]. Physical Chemistry Chemical Physics, 2016, 18(25): 16659-16670.

[17] BAO J L, ZHANG X, TRUHLAR D G. Barrierless association of CF_2 and dissociation of C_2F_4 by variational transition-state theory and system-specific

quantum Rice–Ramsperger–Kassel theory[J]. PNAS, 2016, 113(48): 13606-13611.

[18] BAO J L, ZHENG J, TRUHLAR D G. Kinetics of Hydrogen Radical Reactions with Toluene Including Chemical Activation Theory Employing System-Specific Quantum RRK Theory Calibrated by Variational Transition State Theory[J]. Journal of the American Chemical Society, 2016, 138(8): 2690-2704.

[19] BARKER J. R, GOLDEN D M. Master Equation Analysis of Pressure-Dependent Atmospheric Reactions[J]. CHEMICAL REVIEWS, 2003, 103(12): 4577-4592.

[20] BARKER J R, WESTON R E. Collisional Energy Transfer Probability Densities P(E, J; E′, J′) for Monatomics Colliding with Large Molecules[J]. Journal of Physical Chemistry A, 2010, 114(39): 10619-10633.

[21] BATTIN-LECLERC F. Detailed chemical kinetic models for the low-temperature combustion of hydrocarbons with application to gasoline and diesel fuel surrogates[J]. Progress In Energy And Combustion Science, 2008, 34(4): 440-498.

[22] BATTIN-LECLERC F, BLUROCK E, BOUNACEUR R, et al. Towards cleaner combustion engines through groundbreaking detailed chemical kinetic models[J]. Chemical Society Reviews, 2011, 40(9): 4762-4782.

[23] BATTIN-LECLERC F, HERBINET O, GLAUDE P.-A, et al. Experimental Confirmation of the Low-Temperature Oxidation Scheme of Alkanes[J]. Angew. Chem. Int. Ed, 2010, 49(18): 3169-3172.

[24] BATTIN-LECLERC F, HERBINET O, GLAUDE P.-A, et al. New experimental evidences about the formation and consumption of ketohydroperoxides[J]. Proceedings of the Combustion Institute, 2011, 33(1): 325-331.

[25] BERNDT T, RICHTERS S, JOKINEN T, et al. Hydroxyl radical-induced formation of highly oxidized organic compounds[J]. Nature Communications, 2016, 7: 13677.

[26] BIAN H, WANG Z, SUN J, et al. Conformational inversion-topomerization

mechanism of ethylcyclohexyl isomers and its role in combustion kinetics[J]. Proceedings of the Combustion Institute, 2017, 36(1): 237-244.

[27] BIELEVELD T, FRASSOLDATI A, CUOCI A, et al. Experimental and kinetic modeling study of combustion of gasoline, its surrogates and components in laminar non-premixed flows[J]. Proceedings of the Combustion Institute, 2009, 32(1): 493-500.

[28] BLOCQUET M, SCHOEMAECKER C, AMEDRO D, et al. Quantification of OH and HO_2 radicals during the low-temperature oxidation of hydrocarbons by Fluorescence Assay by Gas Expansion technique[J]. PNAS, 2013, 110(50): 20014-20017.

[29] BONNER B. H, TIPPER C F H. The cool flame combustion of hydrocarbons I—Cyclohexane[J]. Combustion And Flame, 1965, 9(3): 317-327.

[30] BUDA F, HEYBERGER B, FOURNET R, et al. Modeling of the Gas-Phase Oxidation of Cyclohexane[J]. Energy Fuels, 2006, 20(4): 1450-1459.

[31] BUGLER J, MARKS B, MATHIEU O, et al. An ignition delay time and chemical kinetic modeling study of the pentane isomers[J]. Combustion And Flame, 2016, 163: 138-156.

[32] BUGLER J, RODRIGUEZ A, HERBINET O, et al. An experimental and modelling study of n-pentane oxidation in two jet-stirred reactors: The importance of pressure-dependent kinetics and new reaction pathways[J]. Proceedings of the Combustion Institute, 2017, 36(1): 441-448.

[33] BUGLER J, SOMERS K P, SILKE E J, et al. Revisiting the Kinetics and Thermodynamics of the Low-Temperature Oxidation Pathways of Alkanes: A Case Study of the Three Pentane Isomers[J]. Journal of Physical Chemistry A, 2015, 119(28): 7510-7527.

[34] BURKE M P, CHAOS M, JU Y, et al. Comprehensive H_2/O_2 kinetic model for high-pressure combustion[J]. International Journal of Chemical Kinetics, 2012, 44(7): 444-474.

[35] BURKE M P, GOLDSMITH C F, KLIPPENSTEIN S J, et al. Multiscale Informatics for Low-Temperature Propane Oxidation: Further Complexities in

Studies of Complex Reactions[J]. Journal of Physical Chemistry A, 2015, 119(28): 7095-7115.

[36] BURKE U, SOMERS K P, O'TOOLE P, et al. An ignition delay and kinetic modeling study of methane, dimethyl ether, and their mixtures at high pressures[J]. Combustion And Flame, 2014, 162: 315-330.

[37] CARR S A, STILL T J, BLITZ M A, et al. Experimental and Theoretical Study of the Kinetics and Mechanism of the Reaction of OH Radicals with Dimethyl Ether[J]. Journal of Physical Chemistry A, 2013, 117: 11142-11154.

[38] CAVALLOTTI C, ROTA R, FARAVELLI T, et al. Ab initio evaluation of primary cyclo-hexane oxidation reaction rates[J]. Proceedings of the Combustion Institute, 2007, 31(1): 201-209.

[39] CELIO M. Corrections to the strong collision model[J]. Hyperfine Interact. 1986, 31(1): 153-155.

[40] CHAI J.-D, HEAD-GORDON M. Long-range corrected hybrid density functionals with damped atom-atom dispersion corrections[J]. Physical Chemistry Chemical Physics, 2008, 10(44): 6615-6620.

[41] CHEN C, LI W Z, SONG Y C, et al. Hydrogen bonding analysis of glycerol aqueous solutions: A molecular dynamics simulation study[J]. Journal of Molecular Liquids, 2009, 146(1-2): 23-28.

[42] CHEN D, JIN H, WANG Z, et al. Unimolecular Decomposition of Ethyl Hydroperoxide: Ab Initio/Rice−Ramsperger−Kassel−Marcus Theoretical Prediction of Rate Constants[J]. Journal of Physical Chemistry A, 2011, 115(5): 602-611.

[43] CHUANG Y Y, TRUHLAR D G. Reaction-path dynamics with harmonic vibration frequencies in curvilinear internal coordinates: $H+trans-N_2H_2 \rightarrow N_2H+H_2$[J]. Journal of Chemical Physics, 1997, 107(1): 83-89.

[44] CHUANG Y Y, TRUHLAR D G. Reaction-path dynamics in Redundant Internal Coordinates[J]. Journal of Physical Chemistry A, 1998, 102(1): 242-247.

[45] CIAJOLO A, TREGROSSI A, MALLARDO M, et al. Experimental and kinetic

modeling study of sooting atmospheric-pressure cyclohexane flame[J]. Proceedings of the Combustion Institute, 2009, 32(1): 585-591.

[46] CK W, FL D. Chemical kinetic modelling of hydrocarbon combustion[J]. Progress In Energy And Combustion Science, 1984, 10: 1-57.

[47] COLKET M, EDWARDS T, WILLIAMS S, et al. Development of an Experimental Database and Kinetic Models for Surrogate Jet Fuels[J]. American Institute of Aeronautics and Astronautics, 2007.

[48] COMANDINI A, DUBOIS T, ABID S, et al. Comparative Study on Cyclohexane and Decalin Oxidation[J]. Energy Fuels, 2013, 28(1): 714-724.

[49] CROUNSE J D, NIELSEN L B, JøRGENSEN S, et al. Autoxidation of Organic Compounds in the Atmosphere[J]. Journal of Physical Chemistry Letters, 2013, 4(20): 3513-3520

[50] CHARLES S M, LISA D P, BURAK A, et al. Studies of aromatic hydrocarbon formation mechanisms in flames: progress towards closing the fuel gap[J]. Progress In Energy And Combustion Science, 2006, 32: 247-294.

[51] CURRAN H J, FISCHER S L, DRYER F L. The reaction kinetics of dimethyl ether. II: Low-temperature oxidation in flow reactors[J]. International Journal of Chemical Kinetics, 2000, 32(12): 741-759.

[52] CURRAN H J, GAFFURI P, PITZ W J, et al. A Comprehensive Modeling Study of n-Heptane Oxidation[J]. Combustion And Flame, 1998, 114(1–2): 149-177.

[53] CURRAN H J, GAFFURI P, PITZ W J, et al. A comprehensive modeling study of iso-octane oxidation[J]. Combustion And Flame, 2002, 129(3): 253-280.

[54] DA SILVA G, BOZZELLI J W. Variational Analysis of the Phenyl + O_2 and Phenoxy + O Reactions[J]. Journal of Physical Chemistry A, 2008, 112(16): 3566-3575.

[55] DAGAUT P, DALY C, SIMMIE J M, et al. The oxidation and ignition of dimethylether from low to high temperature (500-1600K): Experiments and kinetic modeling. Place. Published: Combustion Institute, 1998.

[56] DALEY S M, BERKOWITZ A M, OEHLSCHLAEGER M A. A shock tube study of cyclopentane and cyclohexane ignition at elevated pressures[J].

International Journal of Chemical Kinetics, 2008, 40(10): 624-634.

[57] DEC J E. Advanced compression-ignition engines—understanding the in-cylinder processes[J]. Proceedings of the Combustion Institute, 2009, 32(2): 2727-2742.

[58] DESAIN J D, KLIPPENSTEIN S J, TAATJES C A, et al. Product Formation in the Cl-Initiated Oxidation of Cyclopropane[J]. Journal of Physical Chemistry A, 2003, 107(12): 1992-2002.

[59] DI TOMMASO S, ROTUREAU P, BENAISSA W, et al. Theoretical and Experimental Study on the Inhibition of Diethyl Ether Oxidation[J]. Energy Fuels, 2014, 28(4): 2821-2829.

[60] DRYER F L. Chemical kinetic and combustion characteristics of transportation fuels[J]. Proceedings of the Combustion Institute, 2015, 35(1): 117-144.

[61] DUNNING T H. Gaussian basis sets for use in correlated molecular calculations. I. The atoms boron through neon and hydrogen[J]. Journal of Chemical Physics, 1989, 90(2): 1007-1023.

[62] ECKART C. The Penetration of a Potential Barrier by Electrons[J]. PHYSICAL REVIEW JOURNALS, 1930, 35(11): 1303-1309.

[63] EHN M, THORNTON J A, KLEIST E, et al. A large source of low-volatility secondary organic aerosol[J]. Nature, 2014, 506(7489): 476-479.

[64] EL BAKALI A, BRAUN-UNKHOFF M, DAGAUT P, et al. Detailed kinetic reaction mechanism for cyclohexane oxidation at pressure up to ten atmospheres[J]. Proceedings of the Combustion Institute, 2000, 28(2): 1631-1638.

[65] ESKOLA A J, CARR S A, SHANNON R J, et al. Analysis of the Kinetics and Yields of OH Radical Production from the $CH_3OCH_2+O_2$ Reaction in the Temperature Range 195–650 K: An Experimental and Computational study[J]. Journal of Physical Chemistry A, 2014, 118(34): 6773-6788.

[66] EYRING H. The Activated Complex in Chemical Reactions[J]. Journal of Chemical Physics, 1935, 3(2): 107-115.

[67] FARRELL J T, CERNANSKY N P, DRYER F L, et al. Development of an Experimental Database and Kinetic Models for Surrogate Diesel Fuels[J]. 2007.

[68] FENG Y, NIIRANEN J T, BENCSURA A, et al. Weak collision effects in the

reaction ethyl radical .dblarw. ethene + hydrogen[J]. J. Phys. Chem, 1993, 97(4): 871-880.

[69] FERNANDES R X, ZADOR J, JUSINSKI L E, et al. Formally direct pathways and low-temperature chain branching in hydrocarbon autoignition: the cyclohexyl+O_2 reaction at high pressure[J]. Physical Chemistry Chemical Physics, 2009, 11(9): 1320-1327.

[70] FERNANDEZ-RAMOS A, ELLINGSON B A, GARRETT B C, et al. Variational Transition State Theory with Multidimensional Tunneling[J]. John Wiley & Sons, Inc., 2007, 23: 125-232.

[71] FISCHER S L, DRYER F L, CURRAN H J. The reaction kinetics of dimethyl ether. I: High-temperature pyrolysis and oxidation in flow reactors[J]. International Journal of Chemical Kinetics, 2000, 32(12): 713-740.

[72] FRISCH M J, POPLE J A, BINKLEY J S. Self-consistent molecular orbital methods 25. Supplementary functions for Gaussian basis sets[J]. Journal of Chemical Physics, 1984, 80(7): 3265-3269.

[73] FRISCH M J, TRUCKS G W, SCHLEGEL H B, et al. Gaussian 09 Users Reference [Z/OL]. 2009. http://gaussian.com/man/.

[74] GAO C W, VANDEPUTTE A G, YEE N W, et al. JP-10 combustion studied with shock tube experiments and modeled with automatic reaction mechanism generation[J]. Combustion And Flame, 2015, 162(8): 3115-3129.

[75] GARCIA-VILOCA M, GAO J, KARPLUS M, et al. How Enzymes Work: Analysis by Modern Rate Theory and Computer Simulations[J]. Science, 2004, 303(5655): 186-195.

[76] GARRETT B C, ABUSALBI N, KOURI D J, et al. Test of variational transition state theory and the least-action approximation for multidimensional tunneling probabilities against accurate quantal rate constants for a collinear reaction involving tunneling into an excited state[J]. Journal of Chemical Physics, 1985, 83(5): 2252-2258.

[77] GARRETT B C, TRUHLAR D G. Criterion of minimum state density in the transition state theory of bimolecular reactions[J]. Journal of Chemical Physics,

1979, 70(4): 1593-1598.

[78] GARRETT B C, TRUHLAR D G. Generalized transition state theory. Quantum effects for collinear reactions of hydrogen molecules and isotopically substituted hydrogen molecules[J]. J PHYS CHEM, 1979, 83(8): 1079-1112.

[79] GARRETT B C, TRUHLAR D G. Generalized transition state theory. Bond energy-bond order method for canonical variational calculations with application to hydrogen atom transfer reactions[J]. Journal of the American Chemical Society, 1979, 101(16): 4534-4548.

[80] GARRETT B C, TRUHLAR D G. Variational transition state theory. Primary kinetic isotope effects for atom transfer reactions[J]. Journal of the American Chemical Society, 1980, 102(8): 2559-2570.

[81] GARRETT B C, TRUHLAR D G. Generalized transition state theory and least-action tunneling calculations for the reaction rates of atomic hydrogen (deuterium) + molecular hydrogen(n = 1) .fwdarw. molecular hydrogen (hydrogen deuteride) + atomic hydrogen[J]. J PHYS CHEM, 1985, 89(11): 2204-2208.

[82] GARRETT B C, TRUHLAR D G, WAGNER A F, et al. Variational transition state theory and tunneling for a heavy–light–heavy reaction using an ab initio potential energy surface. 37Cl+H(D) 35Cl→H(D) 37Cl+35Cl[J]. Journal of Chemical Physics, 1983, 78(7): 4400-4413.

[83] GAUTHIER B M, DAVIDSON D F, HANSON R K. Shock tube determination of ignition delay times in full-blend and surrogate fuel mixtures[J]. Combustion And Flame, 2004, 139(4): 300-311.

[84] GEORGIEVSKII Y, KLIPPENSTEIN S J. Variable reaction coordinate transition state theory: Analytic results and application to the C2H3+H→C2H4 reaction[J]. Journal of Chemical Physics, 2003, 118(12): 5442-5455.

[85] GEORGIEVSKII Y, KLIPPENSTEIN S J. Transition State Theory for Multichannel Addition Reactions: Multifaceted Dividing Surfaces[J]. Journal of Physical Chemistry A, 2003, 107(46): 9776-9781.

[86] GEORGIEVSKII Y, MILLER J A, BURKE M P, et al. Reformulation and

Solution of the Master Equation for Multiple-Well Chemical Reactions [J]. Journal of Physical Chemistry A, 2013, 117(46): 12146-12154.

[87] GEORGIEVSKII Y, MILLER J A, KLIPPENSTEIN S J. Association rate constants for reactions between resonance-stabilized radicals: $C_3H_3 + C_3H_3$, $C_3H_3 + C_3H_5$, and $C_3H_5 + C_3H_5$[J]. Physical Chemistry Chemical Physics, 2007, 9(31): 4259-4268.

[88] GIDDINGS J C, EYRING H. Equilibrium Theory of Unimolecular Reactions[J]. Journal of Chemical Physics, 1954, 22(3): 538-542.

[89] GILBERT R G, SMITH S C. Theory of Unimolecular and Recombination Reactions[J]. Blackwell Scientific Publications, 1990.

[90] GLOWACKI D R, LIANG C H, MORLEY C, et al. MESMER: An Open-Source Master Equation Solver for Multi-Energy Well Reactions[J]. Journal of Physical Chemistry A, 2012, 116(38): 9545-9560.

[91] GOLDSMITH C F, GREEN W H, KLIPPENSTEIN S J. Role of O_2 + QOOH in Low-Temperature Ignition of Propane Temperature and Pressure Dependent Rate Coefficients[J]. Journal of Physical Chemistry A, 2012, 116(13): 3325-3346.

[92] GOLDSMITH C F, HARDING L B, GEORGIEVSKII Y, et al. Temperature and Pressure-Dependent Rate Coefficients for the Reaction of Vinyl Radical with Molecular Oxygen[J]. Journal of Physical Chemistry A, 2015, 119(28): 7766-7779.

[93] GOLDSMITH C F, MAGOON G R, GREEN W H. Database of Small Molecule Thermochemistry for Combustion[J]. Journal of Physical Chemistry A, 2012, 116(36): 9033-9057.

[94] GOLDSMITH C F, TOMLIN A S, KLIPPENSTEIN S J. Uncertainty propagation in the derivation of phenomenological rate coefficients from theory: A case study of n-propyl radical oxidation[J]. Proceedings of the Combustion Institute, 2013, 34(1): 177-185.

[95] GRANA R, FRASSOLDATI A, FARAVELLI T, et al. An experimental and kinetic modeling study of combustion of isomers of butanol[J]. Combustion And

Flame, 2010, 157(11): 2137-2154.

[96] GRANATA S, FARAVELLI T, RANZI E. A wide range kinetic modeling study of the pyrolysis and combustion of naphthenes[J]. Combustion And Flame, 2003, 132(3): 533-544.

[97] GRIMME S. Semiempirical hybrid density functional with perturbative second-order correlation[J]. Journal of Chemical Physics, 2006, 124(3): 34108.

[98] GRIMME S, ANTONY J, EHRLICH S, et al. A consistent and accurate ab initio parametrization of density functional dispersion correction (DFT-D) for the 94 elements H-Pu[J]. Journal of Chemical Physics, 2010, 132(15): 154104.

[99] GUERRA C F, HANDGRAAF J W, BAERENDS E J, et al. Voronoi deformation [J]. J Comput Chem, 2004, 25: 189-210.

[100] GUO H, SUN W, HAAS F M, et al. Measurements of H_2O_2 in low temperature dimethyl ether oxidation[J]. Proceedings of the Combustion Institute, 2013, 34(1): 573-581.

[101] RICHTER H, HOWARD J B. Formation of polycyclic aromatic hydrocarbons and their growth to soot—a review of chemical reaction pathways[J]. Progress In Energy And Combustion Science, 2000, 26: 565-608.

[102] HANNING-LEE M A, GREEN N J B, PILLING M J, et al. Direct observation of equilibration in the system hydrogen atom + ethylene .dblharw. ethyl radical. Standard enthalpy of formation of the ethyl radical[J]. J PHYS CHEM, 1993, 97(4): 860-870.

[103] HANSEN J, SATO M, RUEDY R, et al. Global warming in the twenty-first century: an alternative scenario[J]. Proc Natl Acad Sci USA, 2000, 97: 9875-9880.

[104] HARDING L B, KLIPPENSTEIN S J, JASPER A W. Ab initio methods for reactive potential surfaces[J]. Physical Chemistry Chemical Physics, 2007, 9(31): 4055-4070.

[105] HASHEMI H, CHRISTENSEN J M, GERSEN S, et al. High-pressure oxidation of methane[J]. Combustion And Flame, 2016, 172: 349-364.

[106] HERRMANN F, OßWALD P, KOHSE-HöINGHAUS K. Mass spectrometric

investigation of the low-temperature dimethyl ether oxidation in an atmospheric pressure laminar flow reactor[J]. Proceedings of the Combustion Institute, 2013, 34(1): 771-778.

[107] HIRATA S, FAN P D, AUER A A, et al. Combined coupled-cluster and many-body perturbation theories[J]. Journal of Chemical Physics, 2004, 121(24): 12197-12207.

[108] HOARE M. Systems of oscillators with statistical energy exchange in collisions[J]. Molecular Physics, 1961, 4(6): 465-474.

[109] HOARE M. Strong Collision Model for Energy Transfer in Systems of Oscillators[J]. Journal of Chemical Physics, 1964, 41(8): 2356-2364.

[110] HONG Z, LAM K Y, DAVIDSON D F, et al. A comparative study of the oxidation characteristics of cyclohexane, methylcyclohexane, and n-butylcyclohexane at high temperatures[J]. Combustion And Flame, 2011, 158(8): 1456-1468.

[111] HOU H, LI J, SONG X, et al. A Systematic Computational Study of the Reactions of HO_2 with RO_2: The HO_2+$C_2H_5O_2$ Reaction[J]. Journal of Physical Chemistry A, 2005, 109(49): 11206-11212.

[112] HUSSON B, HERBINET O, GLAUDE P A, et al. Detailed Product Analysis during Low and Intermediate-Temperature Oxidation of Ethylcyclohexane[J]. Journal of Physical Chemistry A, 2012, 116(21): 5100-5111.

[113] HUYNH L K, CARSTENSEN H H, DEAN A. M. Detailed Modeling of Low-Temperature Propane Oxidation: The Role of the Propyl+O_2 Reaction[J]. Journal of Physical Chemistry A, 2010, 114(24): 6594-6607.

[114] JÜRGEN W, ULRICH M, Robert W D. Physical and Chemical Fundamentals, Modeling and Simulation, Experiments, Pollutant Formation[M]. Heidelberg: Springer Verlag, 2006.

[115] JAMES R W, CHARLES E W, ROBERT EW, et al. Fundamentals of Momentum,Heat, and Mass Transfer [M]. New York: John Wiley & Sons Lnc, 2006.

[116] JÜRGEN W. The mechanism of high temperature combustion of propane and

butane[J]. NCombustion Science And Technology, 2007, 34(1-6): 177-200.

[117] TIM E,MEREDITH C, NICK C, et al. Development of an Experimental Database and Kinetic Models for Surrogate Jet Fuels[R]. Society of Automotive Engineers, 2007.

[118] JACKELS C F, GU Z, TRUHLAR D. G. Reaction‐path potential and vibrational frequencies in terms of curvilinear internal coordinates[J]. Journal of Chemical Physics, 1995, 102(8): 3188-3201.

[119] JALAN A, ALECU I M, MEANA-PAñEDA R, et al. New Pathways for Formation of Acids and Carbonyl Products in Low-Temperature Oxidation: The Korcek Decomposition of γ-Ketohydroperoxides[J]. Journal of the American Chemical Society, 2013, 135(30): 11100-11114.

[120] JAMAL A, MEBEL A M. An ab initio/RRKM study of the reaction mechanism and product branching ratios of the reactions of ethynyl radical with 1,2-butadiene[J]. CHEMICAL PHYSICS LETTERS, 2011, 518: 29-37.

[121] JAMAL A, MEBEL A M. Reactions of C_2H with 1- and 2-Butynes: An Ab Initio/RRKM Study of the Reaction Mechanism and Product Branching Ratios[J]. Journal of Physical Chemistry A, 2011, 115(11): 2196-2207.

[122] JASPER A W, KLIPPENSTEIN S J, HARDING L B, et al. Kinetics of the reaction of methyl radical with hydroxyl radical and methanol decomposition[J]. Journal of Physical Chemistry A, 2007, 111(19): 3932-3950.

[123] JASPER A W, MILLER J A. Collisional Energy Transfer in Unimolecular Reactions: Direct Classical Trajectories for $CH_4 \rightleftharpoons CH_3 + H$ in Helium[J]. Journal of Physical Chemistry A, 2009, 113(19): 5612-5619.

[124] JASPER A W, MILLER J A. Theoretical Unimolecular Kinetics for $CH_4+M=CH_3+H+M$ in Eight Baths, M = He, Ne, Ar, Kr, H_2, N_2, CO, and CH4[J]. Journal of Physical Chemistry A, 2011, 115: 6438-6455.

[125] JASPER A W, MILLER J A. Theoretical Unimolecular Kinetics for $CH_4 + M \rightleftharpoons CH_3 + H + M$ in Eight Baths, M = He, Ne, Ar, Kr, H_2, N_2, CO, and CH4[J]. Journal of Physical Chemistry A, 2011, 115(24): 6438-6455.

[126] JASPER A W, MILLER J A. Lennard‐Jones parameters for combustion and

chemical kinetics modeling from full-dimensional intermolecular potentials[J]. Combustion And Flame, 2014, 161(1): 101-110.

[127] JASPER A W, OANA C M, MILLER J A. "Third-Body" collision efficiencies for combustion modeling: Hydrocarbons in atomic and diatomic baths[J]. Proceedings of the Combustion Institute, 2015, 35(1): 197-204.

[128] JASPER A W, PELZER K M, MILLER J A, et al. Predictive a priori pressure-dependent kinetics[J]. Science, 2014, 346(6214): 1212-1215.

[129] JOHNSTON H. S. Gas Phase Reaction Rate Theory[M]. New York: The Ronald Press, 1966.

[130] JOKINEN T, SIPILä M, RICHTERS S, et al. Rapid Autoxidation Forms Highly Oxidized RO_2 Radicals in the Atmosphere[J]. Angew. Chem. Int. Ed, 2014, 53(52): 14596-14600.

[131] JURO H. On the Statistical Mechanical Treatment of the Absolute Rate of Chemical Reaction[J]. Bulletin of the Chemical Society of Japan, 1938, 13(1): 210-216.

[132] KáLLAY M, GAUSS J. Approximate treatment of higher excitations in coupled-cluster theory[J]. Journal of Chemical Physics, 2005, 123(21): 214105.

[133] KANG D, LILIK G, DILLSTROM V, et al. Impact of branched structures on cycloalkane ignition in a motored engine: Detailed product and conformational analyses[J]. Combustion And Flame, 2015, 162(4): 877-892.

[134] KASSEL L S. Studies in Homogeneous Gas Reactions. I[J]. J PHYS CHEM, 1927, 32(2): 225-242.

[135] KASSEL L S. Studies in Homogeneous Gas Reactions. II. Introduction of Quantum Theory[J]. J PHYS CHEM, 1927, 32(7): 1065-1079.

[136] KATSOUYANNI K T G, SAMOLI E, et al. Epidemiology, 2001, 12: 521-531.

[137] KECK J C. Variational theory of reaction rates[J]. Adv. Chem. Phys, 1966, 13: 85-121.

[138] KIECHERER J, BäNSCH C, BENTZ T, et al. Pyrolysis of ethanol: A shock-tube/TOF-MS and modeling study[J]. Proceedings of the Combustion Institute, 2015, 35(1): 465-472.

[139] KISLOV V V, MEBEL A M, AGUILERA-IPARRAGUIRRE J, et al. Reaction of Phenyl Radical with Propylene as a Possible Source of Indene and Other Polycyclic Aromatic Hydrocarbons: An Ab Initio/RRKM-ME Study[J]. Journal of Physical Chemistry A, 2012, 116(16): 4176-4191.

[140] KLIPPENSTEIN S J. Variational optimizations in the Rice–Ramsperger–Kassel–Marcus theory calculations for unimolecular dissociations with no reverse barrier[J]. Journal of Chemical Physics, 1992, 96(1): 367-371.

[141] KLIPPENSTEIN S J. An Efficient Procedure for Evaluating the Number of Available States within a Variably Defined Reaction Coordinate Framework[J]. J PHYS CHEM, 1994, 98(44): 11459-11464.

[142] KLIPPENSTEIN S J. From theoretical reaction dynamics to chemical modeling of combustion[J]. Proceedings of the Combustion Institute, 2017, 36(1): 77-111.

[143] KLIPPENSTEIN S J, GEORGIEVSKII Y, HARDING L B. Predictive theory for the combination kinetics of two alkyl radicals[J]. Physical Chemistry Chemical Physics, 2006, 8(10): 1133.

[144] KLIPPENSTEIN S J, HARDING L B, GLARBORG P, et al. The role of NNH in NO formation and control[J]. Combustion And Flame, 2011, 158(4): 774-789.

[145] KLIPPENSTEIN S J, KHUNDKAR L R, ZEWAIL A H, et al. Application of unimolecular reaction rate theory for highly flexible transition states to the dissociation of NCNO into NC and NO[J]. Journal of Chemical Physics, 1988, 89(8): 4761-4770.

[146] KLIPPENSTEIN S J, MARCUS R A. High pressure rate constants for unimolecular dissociation/free radical recombination: Determination of the quantum correction via quantum Monte Carlo path integration[J]. Journal of Chemical Physics, 1987, 87(6): 3410-3417.

[147] KLIPPENSTEIN S J, MILLER J A. From the Time-Dependent, Multiple-Well Master Equation to Phenomenological Rate Coefficients[J]. Journal of Physical Chemistry A, 2002, 106(40): 9267-9277.

[148] KNEPP A M, MELONI G, JUSINSKI L E, et al. Theory, measurements, and modeling of OH and HO_2 formation in the reaction of cyclohexyl radicals with

O$_2$[J]. Physical Chemistry Chemical Physics, 2007, 9(31): 4315-4331.

[149] KNIZIA G, ADLER T B, WERNER H.-J. Simplified CCSD(T)-F12 methods: Theory and benchmarks[J]. Journal of Chemical Physics, 2009, 130(5): 054104.

[150] KOHSE-HöINGHAUS K, OßWALD P, COOL T A, et al. Biofuel Combustion Chemistry: From Ethanol to Biodiesel[J]. Angew. Chem. Int. Ed, 2010, 49(21): 3572-3597.

[151] KRISHNAN R, BINKLEY J S, SEEGER R, et al. Self‐consistent molecular orbital methods. XX. A basis set for correlated wave functions[J]. Journal of Chemical Physics, 1980, 72(1): 650-654.

[152] KURIMOTO N, BRUMFIELD B, YANG X, et al. Quantitative measurements of HO$_2$/H$_2$O$_2$ and intermediate species in low and intermediate temperature oxidation of dimethyl ether[J]. Proceedings of the Combustion Institute, 2015, 35: 457-464.

[153] LAW M E, WESTMORELAND P R, COOL T A, et al. Benzene precursors and formation routes in a stoichiometric cyclohexane flame[J]. Proceedings of the Combustion Institute, 2007, 31(1): 565-573.

[154] LEMAIRE O, RIBAUCOUR M, CARLIER M, et al. The production of benzene in the low-temperature oxidation of cyclohexane, cyclohexene, and cyclohexa-1,3-diene[J]. Combustion And Flame, 2001, 127(1-2): 1971-1980.

[155] LEPLAT N, DAGAUT P, TOGBé C, et al. Numerical and experimental study of ethanol combustion and oxidation in laminar premixed flames and in jet-stirred reactor[J]. Combustion And Flame, 2011, 158(4): 705-725.

[156] LI G, RABITZ H. Ratio control variate method for efficiently determining high-dimensional model representations[J]. J COMPUT CHEM, 2006, 27(10): 1112-1118.

[157] LI G, RABITZ H, WANG S W, et al. Correlation method for variance reduction of Monte Carlo integration in RS-HDMR[J]. J COMPUT CHEM, 2003, 24(3): 277-283.

[158] LI G, ROSENTHAL C, RABITZ H. High Dimensional Model Representations [J]. Journal of Physical Chemistry A, 2001, 105(33): 7765-7777.

[159] LI G, WANG S W, RABITZ H. Practical Approaches To Construct RS-HDMR Component Functions[J]. Journal of Physical Chemistry A, 2002, 106(37): 8721-8733.

[160] LI G, WANG S W, RABITZ H, et al. Global uncertainty assessments by high dimensional model representations (HDMR)[J]. CHEM ENG SCI, 2002, 57(21): 4445-4460.

[161] LI Q S, ZHANG Y, ZHANG S. Dual Level Direct ab Initio and Density-Functional Theory Dynamics Study on the Unimolecular Decomposition of CH_3OCH_2 Radical[J]. Journal of Physical Chemistry A, 2004, 108(11): 2014-2019.

[162] LI Z, WANG W, HUANG Z, et al. Dimethyl Ether Autoignition at Engine-Relevant Conditions[J]. Energy Fuels, 2013, 27: 2811-2817.

[163] LIFSHITZ C. Some recent aspects of unimolecular gas phase ion chemistry[J]. Chemical Society Reviews, 2001, 30(3): 186-192.

[164] LIU D, SANTNER J, TOGBé C, et al. Flame structure and kinetic studies of carbon dioxide-diluted dimethyl ether flames at reduced and elevated pressures[J]. Combustion And Flame, 2013, 160(12): 2654-2668.

[165] LIU N, JI C, EGOLFOPOULOS F N. Ignition of non-premixed cyclohexane and mono-alkylated cyclohexane flames[J]. Proceedings of the Combustion Institute, 2013, 34(1): 873-880.

[166] LIU Y P, LYNCH G C, TRUONG T N, et al. Molecular modeling of the kinetic isotope effect for the [1,5]-sigmatropic rearrangement of cis-1,3-pentadiene[J]. Journal of the American Chemical Society, 1993, 115(6): 2408-2415.

[167] LOURDERAJ U, HASE W L. Theoretical and Computational Studies of Non-RRKM Unimolecular Dynamics[J]. Journal of Physical Chemistry A, 2009, 113(11): 2236-2253.

[168] LYNCH B J, FAST P L, HARRIS M, et al. Adiabatic Connection for Kinetics[J]. Journal of Physical Chemistry A, 2000, 104(21): 4811-4815.

[169] LYNCH B J, ZHAO Y, TRUHLAR D G. Effectiveness of Diffuse Basis Functions for Calculating Relative Energies by Density Functional Theory[J].

Journal of Physical Chemistry A, 2003, 107(9): 1384-1388.

[170] ELKELAWY M, YUS Z, HAGAR AD, et al. Chanllenging and future of homogeous charge compression ignition engines: an advanced and novel concepts review[J]. Journal of Power and Energy Systems,2008, 2(4): 1108-1119.

[171] MA L, MF I, OE P, et al. Numerical modeling of the propagating flame and knock occurrence in spark-ignition engines[J]. Combustion Science And Technology, 2005, 177: 151-182.

[172] MAHAN B H. Activated complex theory of bimolecular reactions[J]. J CHEM EDUC, 1974, 51(11): 709.

[173] MARANZANA A, BARKER J R, TONACHINI G. Master equation simulations of competing unimolecular and bimolecular reactions: application to OH production in the reaction of acetyl radical with O_2[J]. Physical Chemistry Chemical Physics, 2007, 9(31): 4129-4141.

[174] MARCUS R A. Unimolecular Dissociations and Free Radical Recombination Reactions[J]. Journal of Chemical Physics, 1952, 20(3): 359-364.

[175] MARCUS R A, RICE O K. The Kinetics of the Recombination of Methyl Radicals and Iodine Atoms[J]. J PHYS CHEM, 1951, 55(6): 894-908.

[176] MARTIN J M L, UZAN O. Basis set convergence in second-row compounds. The importance of core polarization functions[J]. Chemical Physics Letters, 1998, 282: 16-24.

[177] MATI K, RISTORI A, GAïL S, et al. The oxidation of a diesel fuel at 1－10atm: Experimental study in a JSR and detailed chemical kinetic modeling[J]. Proceedings of the Combustion Institute, 2007, 31(2): 2939-2946.

[178] MATSUGI A, MIYOSHI A. Modeling of two and three-ring aromatics formation in the pyrolysis of toluene[J]. Proceedings of the Combustion Institute, 2013, 34(1): 269-277.

[179] MATTHEWS J, SINHA A, FRANCISCO J S. Unimolecular dissociation and thermochemistry of CH_3OOH[J]. Journal of Chemical Physics, 2005, 122(22).

[180] MATUS M H, NGUYEN M T, DIXON D A. Theoretical Prediction of the Heats

of Formation of C_2H_5O • Radicals Derived from Ethanol and of the Kinetics of β-C−C Scission in the Ethoxy Radical[J]. Journal of Physical Chemistry A, 2007, 111(1): 113-126.

[181] MCCLURG R B, FLAGAN R C, William A G. The hindered rotor density-of-states interpolation function[J]. Journal of Chemical Physics, 1997, 106(16): 6675-6680.

[182] MEBEL A M, GEORGIEVSKII Y, JASPER A W, et al. Temperature- and pressure-dependent rate coefficients for the HACA pathways from benzene to naphthalene[J]. Proceedings of the Combustion Institute, 2017, 36(1): 919-926.

[183] MENTEL T F, SPRINGER M, EHN M, et al. Formation of highly oxidized multifunctional compounds: autoxidation of peroxy radicals formed in the ozonolysis of alkenes–deduced from structure–product relationships[J]. Atmospheric Chemistry and Physics, 2015, 15(12): 6745-6765.

[184] MERCHANT S S, GOLDSMITH C F, VANDEPUTTE A G, et al. Understanding low-temperature first-stage ignition delay: Propane[J]. Combustion And Flame, 2015, 162(10): 3658-3673.

[185] MERCHANT S S, ZANOELO E F, SPETH R L, et al. Combustion and pyrolysis of iso-butanol: Experimental and chemical kinetic modeling study[J]. Combustion And Flame, 2013, 160(10): 1907-1929.

[186] METCALFE W K, BURKE S M, AHMED S S, et al. A Hierarchical and Comparative Kinetic Modeling Study of $C_1 - C_2$ Hydrocarbon and Oxygenated Fuels[J]. International Journal of Chemical Kinetics, 2013, 45(10): 638-675.

[187] MILLER J A. Theory and modeling in combustion chemistry[J]. Proceedings of the Combustion Institute, 1996, 26(1): 461-480.

[188] MILLER J A, KLIPPENSTEIN S J. The Recombination of Propargyl Radicals: Solving the Master Equation[J]. Journal of Physical Chemistry A, 2001, 105(30): 7254-7266.

[189] MILLER J A, KLIPPENSTEIN S J. The Recombination of Propargyl Radicals and Other Reactions on a C_6H_6 Potential[J]. Journal of Physical Chemistry A, 2003, 107(39): 7783-7799.

[190] MILLER J. A, KLIPPENSTEIN S J. From the Multiple-Well Master Equation to Phenomenological Rate Coefficients: Reactions on a C3H4 Potential Energy Surface[J]. Journal of Physical Chemistry A, 2003, 107(15): 2680-2692.

[191] MILLER J A, KLIPPENSTEIN S J. The $H+C_2H_2$ (+M)=C_2H_3 (+M) and $H+C_2H_2$ (+M)=C_2H_5 (+M) reactions: Electronic structure, variational transition-state theory, and solutions to a two-dimensional master equation[J]. Physical Chemistry Chemical Physics, 2004, 6(6): 1192-1202.

[192] MILLER J A, KLIPPENSTEIN S J. Master Equation Methods in Gas Phase Chemical Kinetics[J]. Journal of Physical Chemistry A, 2006, 110(36): 10528-10544.

[193] MILLER J A, KLIPPENSTEIN S J. Determining phenomenological rate coefficients from a time-dependent, multiple-well master equation: "species reduction" at high temperatures[J]. Physical Chemistry Chemical Physics, 2013, 15(13): 4744-4753.

[194] MILLER J A, KLIPPENSTEIN S J, RAFFY C. Solution of Some One- and Two-Dimensional Master Equation Models for Thermal Dissociation: The Dissociation of Methane in the Low-Pressure Limit[J]. Journal of Physical Chemistry A, 2002, 106(19): 4904-4913.

[195] MILLER J A, KLIPPENSTEIN S J, ROBERTSON S H. A theoretical analysis of the reaction between ethyl and molecular oxygen[J]. Proceedings of the Combustion Institute, 2000, 28(2): 1479-1486.

[196] MILLER J A, KLIPPENSTEIN S J, ROBERTSON S H. A Theoretical Analysis of the Reaction between Vinyl and Acetylene: Quantum Chemistry and Solution of the Master Equation[J]. Journal of Physical Chemistry A, 2000, 104(32): 7525-7536.

[197] MILLER J A, KLIPPENSTEIN S J, ROBERTSON S H, et al. Comment on "When Rate Constants Are Not Enough" [J]. Journal of Physical Chemistry A, 2016, 120(2): 306-312.

[198] MILLER J A, PILLING M J, TROE J. Unravelling combustion mechanisms through a quantitative understanding of elementary reactions[J]. Proceedings of

the Combustion Institute, 2005, 30(1): 43-88.

[199] MITTAL G, SUNG C.-J. Autoignition of methylcyclohexane at elevated pressures[J]. Combustion And Flame, 2009, 156(9): 1852-1855.

[200] MIYOSHI A. Systematic Computational Study on the Unimolecular Reactions of Alkylperoxy (RO_2), Hydroperoxyalkyl (QOOH), and Hydroperoxyalkylperoxy (O_2QOOH) Radicals[J]. Journal of Physical Chemistry A, 2011, 115(15): 3301-3325.

[201] MIYOSHI A. Molecular size dependent falloff rate constants for the recombination reactions of alkyl radicals with O_2 and implications for simplified kinetics of alkylperoxy radicals[J]. International Journal of Chemical Kinetics, 2012, 44(1): 59-74.

[202] MOHAMED S Y, CAI L, KHALED F, et al. Modeling Ignition of a Heptane Isomer: Improved Thermodynamics, Reaction Pathways, Kinetics, and Rate Rule Optimizations for 2-Methylhexane[J]. Journal of Physical Chemistry A, 2016, 120(14): 2201-2217.

[203] MøLLER C, PLESSET M S. Note on an Approximation Treatment for Many-Electron Systems[J]. PHYSICAL REVIEW JOURNALS, 1934, 46(7): 618-622.

[204] MOURITS F M, RUMMENS F H A. A critical evaluation of Lennard–Jones and Stockmayer potential parameters and of some correlation methods[J]. Can J Chem, 1977, 55(16): 3007-3020.

[205] NAKAKITA K, AKIHAMA K, WEISSMAN W, et al. Effect of the hydrocarbon molecular structure in diesel fuel on the in-cylinder soot formation and exhaust emissions[J]. INT J ENGINE RES, 2005, 6(3): 187-205.

[206] NATELSON R H, KURMAN M S, CERNANSKY N P, et al. Low temperature oxidation of n-butylcyclohexane[J]. Combustion And Flame, 2011, 158(12): 2325-2337.

[207] NEILL W S, CHIPPIOR W L, COOLEY J, et al. Emissions from Heavy-Duty Diesel Engine with EGR using Fuels Derived from Oil Sands and Conventional Crude[J]. Society of Automotive Engineers Paper No. 2003-01-3144. 2003.

[208] NGUYEN K A, JACKELS C F, TRUHLAR D G. Reaction-path dynamics in curvilinear internal coordinates including torsions[J]. Journal of Chemical Physics, 1996, 104(17): 6491-6496.

[209] NING H, GONG C, TAN N, et al. Low- and intermediate-temperature oxidation of ethylcyclohexane: A theoretical study[J]. Combustion And Flame, 2015, 162(11): 4167-4182.

[210] NORDHOLM S, BACK A. On the role of nonergodicity and slow IVR in unimolecular reaction rate theory-A review and a view[J]. Physical Chemistry Chemical Physics, 2001, 3(12): 2289-2295.

[211] OLZMANN M. On the role of bimolecular reactions in chemical activation systems[J]. Physical Chemistry Chemical Physics, 2002, 4(15): 3614-3618.

[212] PAGE M, MCIVER J W. On evaluating the reaction path Hamiltonian[J]. Journal of Chemical Physics, 1988, 88: 922-935.

[213] PAPAJAK E, TRUHLAR D G. Efficient Diffuse Basis Sets for Density Functional Theory[J]. Journal of Chemical Theory And Computation, 2010, 6(3): 597-601.

[214] PAPAJAK E, TRUHLAR D G. Convergent Partially Augmented Basis Sets for Post-Hartree−Fock Calculations of Molecular Properties and Reaction Barrier Heights[J]. Journal of Chemical Theory And Computation, 2011, 7(1): 10-18.

[215] PAPAJAK E, TRUHLAR D G. What are the most efficient basis set strategies for correlated wave function calculations of reaction energies and barrier heights[J]. Journal of Chemical Physics, 2012, 137(6): 064110.

[216] PARK J, XU Z F, XU K, et al. Kinetics for the reactions of phenyl with methanol and ethanol: Comparison of theory and experiment[J]. Proceedings of the Combustion Institute, 2013, 34(1): 473-482.

[217] PARK J, ZHU R S, LIN M C. Thermal decomposition of ethanol. I. Ab Initio molecular orbital/Rice–Ramsperger–Kassel–Marcus prediction of rate constant and product branching ratios[J]. Journal of Chemical Physics, 2002, 117(7).

[218] PECHUKAS P. Transition State Theory[J]. Annu. Rev. Chemical Physics, 1981, 32: 159-177.

[219] PEVERATI R, TRUHLAR D G. An improved and broadly accurate local approximation to the exchange-correlation density functional: The MN12-L functional for electronic structure calculations in chemistry and physics[J]. Physical Chemistry Chemical Physics, 2012, 14(38): 13171-13174.

[220] PEVERATI R, TRUHLAR D G. Screened-exchange density functionals with broad accuracy for chemistry and solid-state physics[J]. Physical Chemistry Chemical Physics, 2012, 14(47): 16187-16191.